콘크리트 실무매뉴얼 KCI PM202.1-23

비구조용 경량콘크리트

경량콘크리트위원회

사단법인 한국콘크리트학회 Korea Concrete Institute

발간사

탄소저감 및 에너지 소비 효율성 향상에 대한 글로벌 요구가 지속적으로 증가함에 따라 건축물의 단열이슈도 중요하게 부각되고 있습니다. 우리나라의 경우 건축물 냉·난방에 소비되는 에너지는 전체 에너지 소비의 58.7%에 상당하며, 공동주택에서 소비되는 유류는 연간 17.5ℓ/m^2에 달하고 있습니다. 이에 따라 정부는 제로에너지 빌딩 국가 로드맵을 설정하고 2017년부터 시행되고 있는 제로에너지 건축물 인증제를 2020년에는 공공부문, 2025년에는 민간부분까지 확대하고 있습니다. 우리학회도 콘크리트 2050 비전을 설정하고 탄소 배출량 30% 감축 및 고효율 에너지 사용 등의 비전을 제시하였습니다.

주로 건축물의 마감 및 칸막이 벽체로 적용되고 있는 비구조용 경량 콘크리트(선기포 습식 콘크리트 및 ALC 포함) 기술은 초경량성, 내화성 및 단열성 등의 장점으로 지속적 관심을 받고 있습니다. 경량기포 콘크리트는 낮은 압축강도와 강성으로 인해 제조 및 시공 시 품질관리 측면에서 많은 주의가 요구됨에도 불구하고 관련 참고자료 또는 가이드라인은 국제적으로도 매우 미흡한 실정입니다.

이에 따라 우리 학회의 경량콘크리트 전문위원회에서는 기존 연구들의 리뷰 및 실무적 관점에서 제조공정과 시공성을 파악한 결과를 바탕으로 「비구조용 경량 콘크리트」을 준비하였습니다. 이 지침은 현장에서 목표 압축강도 및 밀도를 고려한 비구조용 경량 콘크리트 제조 그리고 품질관리 기반 시공 등의 실무적 가이드라인으로 그 활용도가 기대됩니다. 특히 국내 최초로 비구조용 경량 콘크리트의 제조 및 시공 그리고 품질관리 등의 자료를 정리하고 실무적으로 가이드라인을 제시한 것은 중요한 의의를 갖습니다.

이번 우리 학회 「비구조용 경량 콘크리트」 집필을 위해 기꺼이 수고와 노력을 다 해주신 경량콘크리트위원회 모든 분에게 깊은 감사를 드립니다. 아울러, 소중한 실무자료들을 기꺼이 협력하여 주신 산학연 담당자들께도 감사의 인사를 전합니다.

2023. 1.

한국콘크리트학회 회장 **김 지 상**

머리말

건축재료의 경우 구조물의 강도뿐 아니라 단열 및 흡음 성능 등 우리 생활화 직결되는 다양한 기능성을 필요로 합니다. 이를 충족시키기 위해 구조용 콘크리트, 더 나아가 구조용 경량콘크리트는 대체적으로 보통포틀랜드 시멘트 기반의 혼합물로 개발이 되고 있는 반면, 비구조용 경량 콘크리트의 경우, 구조체로서의 요구 성능이 비교적 낮기 때문에 기존의 시멘트를 포함하여 다양한 재료들이 베이스로 활용이 되고 있습니다.

특히 건축물의 벽체로 활용이 되고 있는 다양한 비구조용 경량 콘크리트의 경우 초경량성, 내화성, 그리고 단열성 등을 복합적인 성능을 만족시키는 것을 목적으로 개발이 되고 있어, 기존의 구조재료와는 전혀 다른 기능성 더욱 재료 설계에 중요합니다. 특히, 최근 기술인력의 부족으로 인해 pc 공법등이 적용이 그 어느 때보다 주목을 받고 있으며, 이러한 공법에도 비구조용 경량 콘크리트는 활발하게 적용이 될 수 있다고 하겠습니다.

또한 최근 전세계적으로 탄소중립이 이슈가 되고 있으며, 시멘트-콘크리트 산업에서도 발생하는 이산화탄소를 줄이기 위하여 다방면의 노력을 하고 있습니다. 이러한 변화속에서 비구조용 경량 콘크리트의 경우 ALC 양생등이 적용이 가능하기 때문에 이산화탄소를 직접적으로 활용하여 이산화탄소 저장까지 달성할 수 있는 향후 친환경적인 관점에서 발전가능성이 매우 높은 큰 부가가치를 가질 수 있는 분야라고 생각됩니다.

이 실무지침은 이러한 다양한 기능성을 가지는 비구조용 경량 콘크리트 제조 및 활용에 관한 현재 산업계의 동향, 다양한 제조 방법, 사용되는 재료들을 실무진들에게 도움이 되도록 상세히 설명할 수 있도록 집필하게 되었으며, 관련 기준을 정리하여 제공함으로서 새로운 다기능성 비구조용 복합 재료의 적용 및 연구개발을 활성화하려는 취지로 기획이 되었습니다.

이 실무지침이 고품질 경량 콘크리트 적용 및 관련 기술개발 활성화에 기여하게 되기를 바라며, 실무 기술인들에게도 많은 도움이 되기를 기대합니다. 마지막으로, 많은 시간을 들여 집필에 참여해주신 경량콘크리트위원회 집필위원 여러분들과 자료를 공유해주신 많은 관련 분야 전문가분들께도 진심으로 감사드립니다.

2023. 2.

경량콘크리트위원회 위원장 **문 주 혁**

| 집필위원 |

집필책임자	○ 문주혁(서울대학교)
집 필 위 원	○ 양근혁(경기대학교), 이경호(세움건설), 최동욱(한경대학교), 최선미(공주대학교), 김진식(우미건설), 윤현섭(경기대학교)

| 검토위원 |

검 토 위 원	○ 이창홍((주)포스코건설), 이건철(한국교통대학교), 김상철(한서대학교), 김형기(조선대학교), 양근혁(경기대학교), 천성철(인천대학교), 최경규(숭실대학교), 한민철(청주대학교)

| 발간물심의위원회 | (2021~2022)

위 원 장	○ 김진만(공주대학교)
위 원	○ 강석표(우석대학교), 김상우(건설기술정보연구원), 김상철(한서대학교), 천성철(인천대학교), 최경규(숭실대학교), 하상수(강남대학교), 한동엽(경상국립대학교), 홍건호(호서대학교)

기획 | 실무지침편찬특별위원회 | (2021~2022)

위 원 장	○ 배수호(안동대학교)
부 위 원 장	○ 홍건호(호서대학교)
간 사	○ 천성철(인천대학교)
위 원	○ 강현구(서울대학교), 권승희(명지대학교), 김경민(서울기술연구원), 김대호(㈜한울구조물안전기술사사무소), 김두기(공주대학교), 김상철(한서대학교), 김순환(㈜창민우컨설턴트), 김영진(한국콘크리트학회), 김지상(서경대학교), 김진근(KAIST), 김태훈(한국철도기술연구원), 박선규(목원대학교), 신현목(성균관대학교), 심 별(다올이앤씨㈜), 양근혁(경기대학교), 이건철(교통대학교), 이도형(배재대학교), 이 백(한국농어촌공사), 이성태(인하공업대학), 이재훈(㈜도화), 이창홍 (㈜포스코건설), 정 란(단국대학교), 정하선(전우구조기술사무소), 최광호(남서울대학교), 최원창(가천대학교), 하상수(강남대학교), 한천구(청주대학교)

차 례

발간사 • 3
머리말 • 5

01 장 서 론

1.1 배경 11
1.1.1 현황 11
1.1.2 실무지침의 필요성 13
1.2 비구조용 경량 콘크리트의 정의 및 분류 15
1.2.1 경량 콘크리트의 정의 15
1.2.2 경량 콘크리트의 분류 15
1.3 관련 규격 및 기준 22
1.3.1 국내 22
1.3.2 미국 25
참고문헌 27

02 장 비구조용 경량 콘크리트

2.1 서 론 29
2.2 경량 골재 콘크리트 31
2.2.1 일반사항 31
2.2.2 사용 용도 32
2.2.3 비구조용 경량 골재의 종류 32
2.2.4 비구조용 경량 골재의 특성 36
2.2.5 비구조용 경량 골재 콘크리트의 적용 사례 38
2.2.6 건식벽체 적용 시 요구성능 39

2.3 경량 기포 콘크리트 41
2.3.1 일반사항 42
2.3.2 용도 43
2.3.3 기포제 43
2.3.4 제조방법 44
2.3.5 기포 콘크리트의 기계적 성질 49
2.3.6 기포 콘크리트의 기계적 성질 국내 연구 사례 52

2.4 경량 기포 콘크리트 국내 연구 사례 53
2.4.1 되메우기용 친환경 경량 기포 콘크리트의 개발 53
2.4.2 CSA계 바인더 기반기포 콘크리트의 지반 적용 54
2.4.3 CA계 정련슬래그를 적용한 기포 콘크리트 55

2.5 현장 타설 기포 콘크리트 관련 시방서 및 표준 57
2.5.1 일반사항 57
2.5.2 자재 59
2.5.3 시공 61
2.5.4 현장 타설용 기포 콘크리트의 기포율 시험방법 64

2.6 현장 타설 기포 콘크리트 시험 방법 상세 66
2.6.1 KS F 2459, 기포 콘크리트의 겉보기 밀도, 함수율, 흡수율 및 압축강도 시험방법 66
2.6.2 KS F 2460, 기포 콘크리트의 길이 변화 시험방법 70
2.6.3 KS F 4039, 현장 타설용 기포 콘크리트 73

참고문헌 78

03장 고온·고압 기포 콘크리트

3.1 일반사항 81

3.2 고온·고압 기포 콘크리트 배합 82
3.2.1 고온·고압 기포 콘크리트 생산 과정 82
3.2.2 고온·고압 기포 콘크리트의 제작을 위한 원료 85
3.2.3 고온·고압 기포 콘크리트의 특성 89

3.3 생산 제품 현황 97
3.3.1 생산 제품의 종류 97
3.3.2 고온·고압 기포 콘크리트의 적용 98
3.3.3 제품 관리 100

참고문헌 101

04 장 비구조 경량 골재 콘크리트

4.1 경량 기포 콘크리트 일반사항 103

4.2 경량 기포 콘크리트 시공 사례 104

4.3 경량 골재 콘크리트 시공 사례 108

4.3.1 인공골재를 활용한 경량 골재 콘크리트 제작 사례 108

4.3.2 천연골재를 활용한 경량 골재 콘크리트 제작 사례 111

참고문헌 113

제 1 장 서 론

1.1 배경

1.1.1 현황

현대 산업기술의 고도화 및 기술력의 향상에 따라 산업전반적인 분야에서는 고성능 및 고기능성을 갖는 재료나 소재에 대한 연구개발을 위해 지속적으로 노력하고 있다. 고성능 및 고기능성의 재료나 소재는 보다 강하고, 가볍고, 내구력이 우수한 제품의 구현을 가능하게 한다. 건설산업 분야에서도 재료 및 소재의 고성능·고기능성화를 통해 구조물의 성능향상, 시공성 개선을 통한 공기단축, 그리고 유지관리의 용이함과 이를 통한 비용절감 등을 위한 기술로 발전하고 있다.

건설산업에 있어서 대표적인 구조 및 마감 재료인 콘크리트는 주거용 건축물과 사회기반시설에 전반적으로 사용되고 있다. 최근에는 기술인력의 노령화 및 건설안전 요구에 대응하는 측면에서 프리캐스트 콘크리트 기술이 급격히 관심을 받고 있다. 프리캐스트 콘크리트 구조물에서 경량화는 부재의 운반 및 양중에 대해 경제적 이점이 있으며, 현장에서의 작업성과 시공성도 향상시킬 수 있는 장점이 있다. 더불어 콘크리트의 경량화는 구조물의 자중을 절감시키게 되는데, 이는 구조적 관점에서 보다 넓은 유효공간을 가능하게 하며, 구조물의 밑면전단력을 감소시켜 보다 우수한 내진성능을 확보할 수 있게 한다. 또한, 콘크리트의 경량화는 건축물에서 단열성능, 방음 및 흡음성의 향상에 대한 장점도 기대할 수 있다.

또한 전 세계적으로 탄소저감 및 효율적인 에너지 활용에 대한 사회적 이슈가 급증함에 따라 건축물에서 소비되는 에너지 절감의 요구도 급격히 증가하고 있다. 우리나라의 경우 건축물에서 냉방과 난방에 소비되는 에너지는 전체 에너지 소비의 58.7%에 상당하며, 공동주택의 냉·난방을 위해 소비되는 유류는 연간 $17.5\ \ell/m^2$에 달한다. 단독주택의 난방과 냉방을 위해 소비되는 에너지는 각각 약 4.8×10^{-3} TOE/m^2과 0.6×10^{-3} TOE/m^2에 달하고 있다. 이에 따라 정부는 제로에너지 빌딩 국가 로드맵을 설정하고 2017년부터 시행되고 있는 제로에너지 건축물 인증제를 2020년에는 공공부문, 2025년에는 민간부분까지 확대할 예정이다. 건축물 외벽의 열관류율에 대한 제한도 2018년도부터 강화되었는데(표 1.1) 이들 값은 이는 2010년 대비 약 40% 강화된 수준이다.

표 1.1 주택의 단열성능 기준

항목		평균 열관류율(W/m^2 · K)			
		중부1	중부2	남부	제주
창 (발코니 내측 창호 포함)	외기 직접	0.90 이하		1.00 이하	1.50 이하
	외기 간접	1.20 이하	1.50 이하	1.70 이하	
거실의 외벽	외기 직접	0.15 이하	0.17 이하	0.22 이하	0.25 이하
	외기 간접	0.21 이하	0.24 이하	0.31 이하	0.35 이하
최상층에 있는 거실의 반자 또는 지붕	외기 직접	0.15 이하		0.18 이하	0.25 이하
	외기 간접	0.21 이하		0.26 이하	0.35 이하
최하층에 있는 거실의 바닥	외기 직접	0.15 이하	0.17 이하	0.22 이하	0.29 이하
	외기 간접	0.21 이하	0.24 이하	0.31 이하	0.41 이하
바닥 난방인 층간 바닥		0.81 이하			

최근에는 유기 단열재들로 인한 대형 화재사고가 빈번히 일어남에 따라 내화성능 강화에 대한 건축법 개정안이 2016년부터 시행되고 있다. 이에 따라 건축물 단열재 시장은 기존 유기계 단열재 중심에서 단열 및 내화성을 동시에 만족하는 고성능 무기 단열재로 재편되고 있다.

위와 같은 사회적 요구의 변화와 함께 고단열 성능을 갖고 있으면서 불연등급이 가능한 비구조용 저밀도 경량 콘크리트에 대한 관심도 급격히 증가하고 있다.

경량성 기능을 갖는 콘크리트는 통상적으로 경량 콘크리트라 한다. 현재 경량 콘크리트는 그 사용목적 및 물성에 따라 크게 구조용과 비구조용으로 구분하여 사용되고 있다. 구조용 경량 콘크리트의 대표적인 예로 저밀도 경량 골재를 사용한 콘크리트가 있으며, 비구조용 경량 콘크리트로는 골재의 사용 대신 공극을 이용한 경량 기포 콘크리트를 그 예로 들 수 있다. 경량 기포 콘크리트의 경우 단열 및 방음을 목적으로 건축물의 바닥 또는 벽체에 주로 시공하게 된다. 이 지침은 비구조용 경량 콘크리트의 적용 시 실무적 관점에서 필요한 기본 지식 및 주의사항 등을 중심으로 서술하였다.

1.1.2 실무지침의 필요성

현재 건축물에서 단열성을 목적으로 사용되고 있는 ALC(autoclaved lightweight concrete) 블록은 발포제와 고온·고압(온도 약 180℃, 압력 10 MPa)의 양생을 통해 제조되는 경량 콘크리트의 일종이다. ALC 블록은 경량성과 내화성 및 단열성의 장점으로 여러 건축현장에서 사용되고 있지만, 제조 및 시공 시 품질관리 측면에서 많은 주의가 요구된다. ALC 블록은 낮은 압축강도와 및 취성적인 파괴특성으로 운반 시 파손에 대한 주의가 필요하며, 시공 시에도 못 박기(nailing) 제한 등의 주의가 필요하다. 또한, ALC 블록 제조 시 다양한 천연자원 재료들이 투입되며 고온·고압 양생의 제조공정과 블록 절단공정 등 다수의 복잡한 공정을 거치므로 대표적인 에너지 다소비 및 다량의 CO_2를 배출하는 건설재료 산업으로 인식되고 있다. 이러한 문제점을 극복하기 위해 유럽 등의 선진국에서는 ALC 블록을 대체할 수 있는 고품질의 기포 콘크리트 개발에 노력과 투자가 이루어지고 있다. 반면 국내 건설산업에서는 여전히 ALC의 적용이 꾸준하게 이루어지고 있으며 그에 따라 관련 산업체 중심으로 ALC에 대한 성능개선 노력이 지속되고 있다. 하지만 ALC 블록의 제조 및 시공에 대한 체계적인 실무지침은 주로 제조사 내부용으로 활용되고 있으며, 실무자들이 쉽게 접근할 수 있는 지침 및 가이드라인 등의 참고자료는 매우 부족한 실정이다.

ALC와 더불어 국내에서는 주거용 구조물의 바닥에 단열을 목적으로 방통미장이라 불려지는 습식형 경량 기포 콘크리트가 사용되고 있다. 경량 기포 콘크리트는 열전도율이 낮아 보통 콘크리트 대비 단열성이 우수하며, 내부에 다수의 공극을 포함하고 있어 차음이나 내화에도 일부 효과가 있다. 하지만 국내 현장에서 적용되고 있는 습식형 기포 콘크리트의 제조 및 시공은 체계적인 매뉴얼이 없이 근로자의 현장 경험에 의존하고 있는 실정으로 품질저하(기포의 소포에 의한 체적 감소, 강도 발현 미흡, 균열발생, 높은 흡수율 등)에 대한 많은 문제점들이 발생되고 있다. 습식형 기포 콘크리트의 품질저하는 콘크리트 자체의 성능저하 뿐만 아니라, 후속 공정인 마감 모르타르에서 균열 발생의 원인이 될 수 있으며, 난방을 위한 배관 설치 시 고정철물 이탈 등의 문제를 야기시킬 수 있다. 현재 국내의 습식형 기포 콘크리트에 대한 연구 및 기술개발은 대다수가 기초 물성평가에 대한 연구들 뿐이며, 현장에서 품질이나 성능을 확보하기 위한 체계적인 매뉴얼 및 시공지침 등이 부족한 실정이다. 특히 최근 준불연급 단열재 요구에 따라 기포 콘크리트에 대한 관심이 급격히 증가하고 있지만 습식형 경량 기포 콘크리트의 경우 별다른 성능기준이나 시방사항 없이 작업자의 경험에 의존하여 시공되어지고 있으므로, 작업자, 재료상태, 배합조건 및 기포의 상태 등에 따라 그 성능이 크게 좌우되어 균질한 품질과 성능을 확보하기 어려운 실정이다. 따라서 경량 기포 콘크리트의 품질과 목표성능을 만족하기 위해 보다 체계적인 품질관리 및 시공 가이드라인 등의 실무적인 지침사항이 필요한 시점이다.

1.2 비구조용 경량 콘크리트의 정의 및 분류

1.2.1 경량 콘크리트의 정의

현재 국내에서는 비구조용 경량 콘크리트에 대해 명확히 정의되지 않고 있다. 다만, 건축구조기준과 콘크리트 표준시방서에서 구조용 경량 콘크리트를 KS F 2527에서 규정하는 경량 골재를 사용하며, 기건단위질량이 1,400~2,100 kg/m^3, 압축강도가 18 MPa 이상인 콘크리트로 규정하고 있으므로 이를 제외한 나머지 경량 콘크리트를 비구조용 경량 콘크리트로 구분할 수 있다. 구조적 관점에서는 비구조용이므로 압축강도가 18 MPa 이하이며, 경량성을 갖는 모든 콘크리트를 포함할 수 있다. 일반적으로 국내에서 비구조용 경량 콘크리트는 콘크리트 내에 공극을 도입한 2차 제품 형태인 ALC 블록과 습식형 경량 기포 콘크리트를 의미한다고 할 수 있으며, 비구조용 경량 골재인 팽창진주암, 팽창질석, 발포합성수지, 미네랄 울 및 석탄재 등을 적용한 경량 콘크리트도 비구조용 경량 콘크리트로 구분하고 있다.

1.2.2 경량 콘크리트의 분류

현재 국내에서 사용되고 있는 경량 콘크리트 중 비구조용 경량 콘크리트는 그림 1.1과 같이 골재의 사용유무에 따라 경량 기포 콘크리트와 비구조용 경량 골재 콘크리트로 구분할 수 있다. 경량 기포 콘크리트는 제조 방식에 따라 다시 고온·고압 양생 방식과 현장에서 제조와 타설이 동시에 이루어지는 현장 타설 습식형 방식으로 구분할 수 있다. 비구조용 경량 골재 콘크리트는 사용되는 경량 골재의 종류에 따라 인공골재와 천연골재를 적용한 경량 콘크리트로 구분될 수 있다. 일부 비구조용 경량 콘크리트에서는 기포와 경량 골재를 혼합하여 제조되기도 한다.

(1) 경량 기포 콘크리트

① 고온·고압 양생 경량 기포 콘크리트

국내에서 사용되는 블록 형태의 경량 기포 콘크리트의 90% 이상은 ALC 블록이며,

ALC 블록은 고온·고압의 환경에서 양생되는 대표적인 경량 기포 콘크리트라 할 수 있다(그림 1.2). ALC 블록의 제조를 위한 원료로는 규사, 시멘트, 석회, 발포제(알루미늄 분말) 및 물(배합수) 등이 사용된다(그림 1.3). ALC 블록은 규사, 시멘트 및 석회가 고온·고압(약 180℃, 10 기압)에서 물과 화학반응을 일으켜 규산칼슘의 수열생성물인 Tobermorite 결정 또는 준결정을 형성시키는 양생 과정에 제조기반을 두고 있다. 수열생성물인 Tobermorite는 고온 고압에서 생성되므로 상압 양생의 대표적인 수화생성물인 C-S-H 겔 대비 결정의 발달 정도가 견고하여 비교적 높은 강도를 얻을 수 있다. ALC 블록은 제조 시 경량성을 위해 내부에 공극을 형성하게 되는데, 공극 도입을 위해 발포 특성을 갖는 알루미늄 분말을 사용하며, 이러한 공극 도입 방식의 콘크리트를 가스 콘크리트(gas concrete), 또는 후 기포 방식 콘크리트(post-foaming concrete)라 부르기도 한다. ALC 블록의 공극은 사용재료의 혼합 시 페이스트 내부에서 알루미늄 분말에 의한 수소가스 발생으로 인해 공극을 형성하면서 콘크리트의 체적이 팽창하게 된다. 발포된 이후 시멘트의 경화로 체적이 안정화된 콘크리트는 강도 발현을 위해 180℃의 온도와 0.98 MPa의 압력을 가할 수 있는 챔버에서 약 16~20시간 양생을 통해 제조된다(그림 1.4).

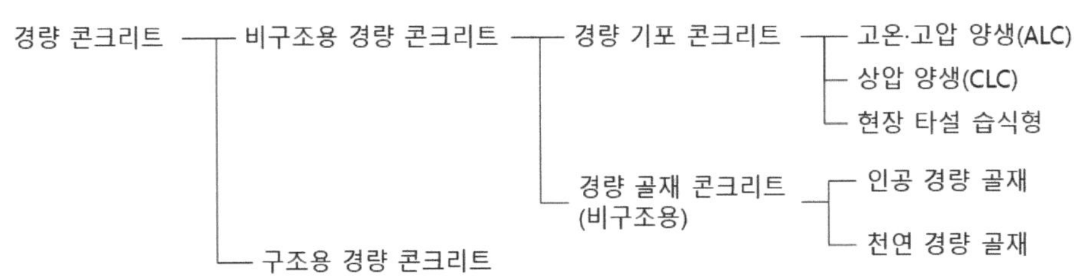

그림 1.1 경량 콘크리트의 분류

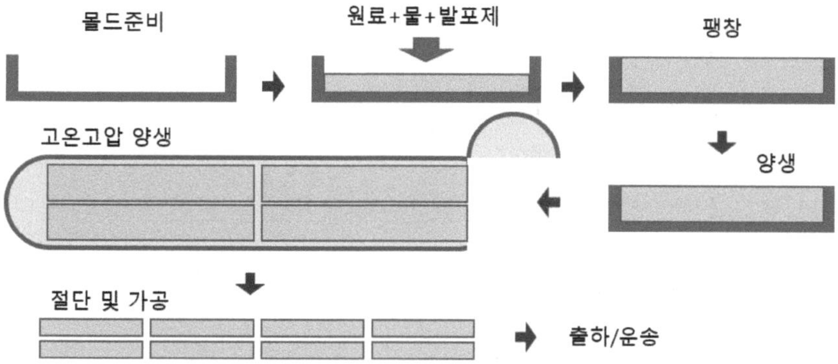

그림 1.2 ALC 블록의 제조과정

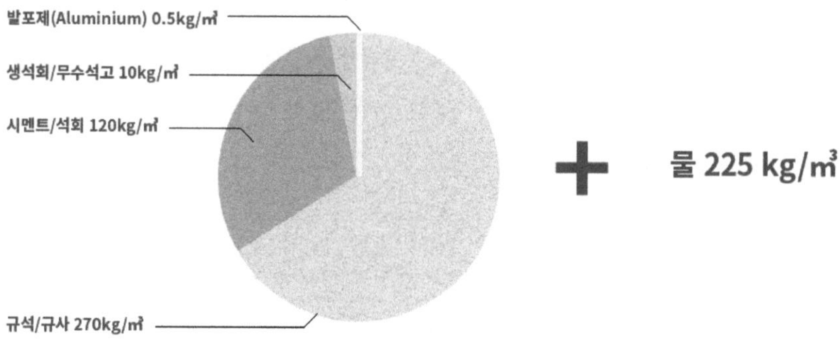

그림 1.3 ALC 블록의 구성

그림 1.4 고온 · 고압 양생(autoclave)

ALC 블록으로 대표되는 고온·고압 양생 경량 기포 콘크리트는 대부분 2차 제품의 형태로 제조되고 있다. 이는 콘크리트의 고온·고압 양생을 위한 별도의 시설 및 설비가 요구되기 때문이며, 이로 인해 시설이나 설비의 크기에 따라 콘크리트의 제조 시 크기 및 형상과 제조물량 등에 제한을 받게 된다. 또한, 비교적 전문적인 시설 내에서 제조되므로 품질의 안정성이 확보될 수 있다는 장점이 있는 반면, 재료의 상태나 온도에 따라 발포 특성이 민감하게 반응하여 기포의 크기와 분포가 불균질한 편이다.

② 상압 양생 경량 기포 콘크리트

상압 양생 경량 기포 콘크리트는 ALC 블록과 달리 상온·상압(약 20℃, 1 기압)의 환경에서 제조되는 경량 기포 콘크리트이며, 대표적인 예로 CLC(Cellular lightweight concrete) 블록이 있다. CLC 블록은 독일에서 개발된 경량 기포 콘크리트로 유럽 등에서는 일부 사용되고 있지만 현재 국내에서는 연구개발에 대한 투자가 미진하여 거의 사용되지 않고 있다. CLC 블록은 제조 시 ALC 블록과 마찬가지로 배합을 위한 시설 및 설비가 요구되는 반면, 상온·상압 양생이 가능하므로 고온·고압 양생을 위한 autoclave 챔버가 필요하지 않아 ALC 블록 대비 비교적 생산에 적은 에너지가 소비되는 편이다. CLC 블록의 제조 시 사용되는 주요 원료로 경화체 구성을 위한 시멘트와 물을 필요로 하며, 경화체의 수화 메커니즘은 보통의 콘크리트와 동일하게 C-S-H 겔의 형성에 의존하므로 ALC와 달리 수열합성을 위한 생석회와 규사를 필요로 하지 않는다. 다만, 일부 CLC 블록에서는 채움재(필러재)로써 규사를 일부 사용하기도 한다. 또한, CLC 블록은 발포제나 기포제를 사용하여 공극을 도입하게 되는데, 공극의 도입 방법에 따라 발포제를 이용한 가스 콘크리트와 계면활성제 계열의 기포제를 이용한 폼 콘크리트(foamed concrete)로 구분될 수 있다. 발포제를 이용한 가스 콘크리트 방식의 경우 발포제의 상태나, 배합조건 및 온도에 따라 발포 특성이 크게 좌우되므로 현재 CLC 블록에서는 거의 사용되지 않고 있으며, 주로 폼 콘크리트 방식으로 CLC 블록을 제조하고 있다. 여기서 폼 콘크리트는 기포의 제조와 도입 순서에 따라 다시 다음과 같이 선기포 방식과 혼합기포 방식으로 구분할 수 있다.

㉠ 선기포 방식(pre-foaming type)

선기포 방식은 말 그대로 기포제를 이용하여 기포군을 미리 제작한 후 콘크리트와 혼합하는 방식으로 공극을 도입하는 방식이다. 기포제로는 동물계, 식물계 및 광물계 등의 계면활성제를 원료로 사용한다. 선기포 방식은 기포제를 적정 비율로 희석한 후 압축공기와 별도의 망구조를 갖는 기포발생기를 이용하여 양질의 기포군을 미리 생성하고 결합재와 물이 혼합된 슬러리에 생성된 기포군을 첨가하여 혼합하는 방식으로 경량 기포 콘크리트를 제조한다. 제조된 기포 콘크리트는 상온 상압의 환경에서 양생을 실시하여 경화하게 된다. 선기포 방식은 미리 기포군을 형성하여 도입하므로 기포의 양 즉 콘크리트의 공극에 대한 비율을 조절하기가 비교적 수월하며, 균질한 형상의 기포(공극)을 도입할 수 있다는 장점이 있다. 반면, 별도의 기포 발생장치가 필요로 하며, 기포제의 종류 및 농도에 따라 발포 특성 및 기포의 안정성이 달라지게 되므로 이에 대한 주의가 필요하다. 또한, 기포의 안정성은 콘크리트의 배합조건과 박리제의 종류에도 영향을 받게 되므로 주의가 필요하다.

㉡ 혼합기포방식(mix-foaming type)

혼합기포방식은 일반적인 콘크리트 배합에서 AE제를 이용하여 공기를 도입하는 방식과 동일한 방식으로 볼 수 있으며, 콘크리트 내 기포의 형성을 위해 AE제 또는 계면활성제기반의 기포제를 시멘트슬러리와 혼합하여 믹서기의 교반 과정에서 기포가 형성되어 콘크리트를 제조하는 방식을 의미한다. 혼합기포방식은 믹서기의 교반을 통해 기포를 생성하게 되므로, 기포의 분포는 비교적 균질한 반면, 기포의 생성량 예측이나 생성량의 조절이 어려워, 결과적으로 기포 콘크리트의 목표성능 및 품질관리가 매우 까다롭다. 또한, 품질관리의 어려움과 더불어 혼합기포 방식은 기포의 생성 비율에 한계가 있어 다량의 공극을 갖는 기포 콘크리트에서는 잘 사용되고 있지 않은 방식이다.

③ 현장 타설 습식형 경량 기포 콘크리트

현장 타설 습식형 기포 콘크리트는 플랜트에서 제조되어 레디믹스트 콘크리트의 상태로 현장에 운송되어 타설하는 방식이 아닌 현장에서 즉석으로 배합하여 타설 및 양생되는 방식의 콘크리트로 일반적으로 건축물의 바닥 단열을 위해 적용되는 경량 기포 콘크리트이다(그림 1.5). 현장 타설 습식형 경량 기포 콘크리트는 대부분의 현장에서 선기포 방식을 통해 제조되고 있으며, 상압 양생 기포 콘크리트의 제조 과정과 대체로 유사하다. 이로 인해 콘크리트의 물리·역학적 특성 또한 상압 양생 기포 콘크리트와 유사한 범위에 있다. 현장에서 기포 콘크리트를 제조 및 타설하기 위해서는

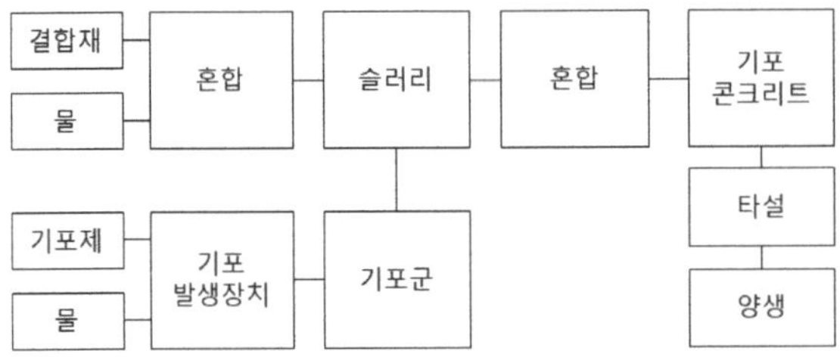

(a) 현장 타설 습식형 경량 기포 콘크리트의 제조 및 타설 공정

(b) 현장 타설 습식형 경량 기포 콘크리트의 제조

그림 1.5 현장 타설 습식형 경량 기포 콘크리트의 시공

기포 발생기, 믹서기 및 압송장치 등의 별도의 장비가 필요하며, 장비의 조작과 기포 콘크리트에 대한 기본적인 배합지식 및 경험이 있는 전문인력이 요구된다. 또한, 시멘트 및 혼화재, 물(배합수) 및 기포제 또한 장비와 함께 별도로 구비하여야 한다.

현재 국내에서 시공되어지고 있는 현장 타설 습식형 경량 기포 콘크리트는 현장에서 제조되는 만큼 다양한 형상, 타설량 조절에 매우 용이하다는 장점이 있다. 하지만, 대부분 체계적인 제조 가이드라인이나 목표성능 만족을 위한 품질관리 절차 없이 현장 작업자들의 경험에 의존하여 제조 및 시공되고 있으며, 이로 인해 작업자, 재료상태, 작업환경 등에 영향을 크게 받아 그 성능 및 품질을 관리하기 매우 어려운 실정이다. 또한, 콘크리트 특성상 일정 압축강도가 발현되기까지 양생기간이 요구되지만, 공기단축을 위해 후속공정을 무리하게 진행할 경우 추가적인 문제가 발생의 원인이 될 수 있다. 양생이 덜 된 콘크리트 위에서 작업할 경우 압괴, 균열 등의 파손이 발생될 수 있으며, 후속공정을 위한 철물 고정력 저하 등의 문제가 발생될 수 있으므로 이에 대한 고려가 필요하다. 이 외에도, 기포가 도입되어 있는 콘크리트로서 장거리 압송 시 콘크리트에 압력이 가해지므로 기포의 소포에 의한 체적감소와 이에 따른 품질저하에 대한 대책이 고려되어야 한다.

(2) 비구조용 경량 골재 콘크리트

비구조용 경량 골재 콘크리트는 앞서 다루었던 경량 기포 콘크리트와 달리 기포(공극) 대신 가벼운 소재의 경량 골재를 자갈과 모래의 대체용으로 사용한 콘크리트를 의미한다. 비구조용 경량 골재 콘크리트에 사용되는 경량 골재는 제조 및 채취 방식에 따라 인공 경량 골재와 천연 경량 골재로 구분될 수 있다(표 1.2). 대표적인 인공 경량 골재로는 팽창진주암, 팽창질석 및 발포합성수지(EPS) 등이 있으며, 인공 경량 골재의 대부분은 제조 시 고온에서 발포 팽창의 과정을 통해 내부에 다수의 공극을 갖는 다공성 골재이다. 반면, 천연 경량 골재의 경우 화산사나 갱화석 등이 대표적이며, 대부분 자연에서 채굴을 통해 채취하게 된다. 천연 경량 골재는 화산활동이나 퇴적 활동에 의해 자연적으로 내부에 다량의 공극이 형성되어 있는 골재이다.

경량 골재는 대부분 밀도가 1 g/cm^3 이하로 물보다 가벼운 소재를 사용하게 되며, 이로 인해 배합 시 골재의 부립에 의한 재료분리 등의 문제가 발생될 가능성이 높으므로 이에 대한 특별한 대책 및 관리가 필요하다. 일반적으로 경량 골재의 부립을 방지하기 위해서는 골재에 프리웨팅을 실시하여 수분을 미리 흡수시키거나, 시멘트 슬러리의 점성을 증가시켜 재료분리를 방지하는 방법 등이 사용되고 있다. 비구조용 경량 골재 콘크리트는 경량 기포 콘크리트 대비 압축강도가 높고, 밀도와 열전도율이 낮다는 특성이 있다. 현재 국내에서는 골재의 수급이 어렵고 골재 부립에 대한 품질 관리가 까다로워 현장 타설에는 사용되고 있지 않으며, 주로 2차 제품의 형태로 일부 사용되고 있다.

표 1.2 비구조용 경량 골재

구분	골재 종류	원재료	적용범위
인공 경량 골재	팽창 진주암	진주암	잔골재
	팽창 질석	질석	굵은 골재/잔골재
	팽창 규조토	규조토	굵은 골재
	팽창 흑요석	흑요성	굵은 골재/잔골재
	발포 합성수지	합성수지	굵은 골재/잔골재
	미네랄 울	슬래그울, 합성수지	–
	석탄재	석탄회	–
천연 경량 골재	화산사	화산계	굵은 골재
	갱화석	갱화석	–

1.3 관련 규격 및 기준

1.3.1 국내

위의 절에서 언급한 바와 같이 비구조용 경량 콘크리트는 사용되는 재료, 배합조건, 및 양생 환경 등에 따라 품질의 변동이 심하게 발생될 수 있으므로 이에 대한 체계적인 품질관리 및 시공 매뉴얼이 필요하다. 하지만 현재 국내에서는 비구조용 경량 콘크리트의 배합설계, 제조, 타설 및 양생에 대한 별도의 가이드라인은 없는 실정이며, 품질관리를 위해 현장 타설용 기포 콘크리트(KS F 4039)와 경량 기포 콘크리트 블록(ALC 블록)(KS F 2701)에 대해서 품질규격과 성능목표를 제시하고 있다. 비구조용 경량 골재 콘크리트에 대한 관련 KS규격을 요약하면 다음과 같다.

(1) 현장 타설용 기포 콘크리트(KS F 4039)

현장 타설용 기포 콘크리트에 대해 KS규격에서 제시하고 있는 품질 및 목표성능을 요약하면 표 1.3과 같다. 타설용 기포 콘크리트의 KS규격은 콘크리트의 밀도를 기준으로 0.4품, 0.5품 및 0.6품으로 등급을 구분하고 있으며, 해당 등급의 성능을 확보를 위해 굳지 않은 콘크리트에서 기포 슬러리 비중, 플로값, 침하깊이를 굳은 콘크리트에서 겉보기 비중, 압축강도, 열전도율 및 길이 변화율에 대한 성능목표 값을 구분하여 제시하고 있다. 굳지 않은 기포 콘크리트에서 기포 슬러리의 비중은 밀도의 품질을 확보하기 위하여 0.4품, 0.5품 및 0.6품에서 각각 0.39 이상, 0.52 이상 및 0.72 이상으로 규정하고 있으며, 플로값은 유동성을 고려하여 모든 품에서 180 mm 이상으로 규정하고 있다. 침하깊이는 품질 및 소요 치수확보를 고려하여 0.4품, 0.5품 및 0.6품에서 각각 15 mm 이하, 10 mm 이하 및 6 mm 이하로 규정하고 있다.

굳은 기포 콘크리트에서 겉보기 비중의 범위는 0.4품, 0.5품 및 0.6품에서 각각 0.30~0.40 미만, 0.40~0.50 미만 및 0.50~0.70 미만으로 규정하고 있다. 재령별 압축강도는 후속공정을 고려하여 재령 7일과 28일의 성능목표를 구분하여 제시하고 있으며, 0.4품, 0.5품 및 0.6품에 따라 7일에서 각각 0.5 MPa 이상, 0.9 MPa 이상 및 1.5 MPa 이상, 28일에서 각각 0.9 MPa 이상, 1.4 MPa 이상 및 2.0 MPa 이상을 만족하도록 제시하고 있다. 열전도율의 경우 0.4품, 0.5품 및 0.6품에서 각각 0.130 W/m·K 이하,

표 1.3 현장 타설용 기포 콘크리트의 KS 규격 (KS F 4039)

<table>
<tr><th rowspan="3">구분</th><th colspan="3">굳지 않은 기포 콘크리트</th><th colspan="5">굳은 기포 콘크리트</th></tr>
<tr><th rowspan="2">기포 슬러리의 비중</th><th rowspan="2">플로값 (mm)</th><th rowspan="2">침하깊이 (mm)</th><th rowspan="2">겉보기 비중</th><th colspan="2">압축강도 (MPa)</th><th rowspan="2">열전도율 (W/(m · K))</th><th rowspan="2">길이 변화율 (%)</th></tr>
<tr><th>7일</th><th>28일</th></tr>
<tr><td>0.4품</td><td>0.39 이상</td><td rowspan="3">180 이상</td><td>15 이하</td><td>0.30 이상
0.40 미만</td><td>0.5 이상</td><td>0.8 이상</td><td>0.130 이하</td><td>0.50 이하</td></tr>
<tr><td>0.5품</td><td>0.52 이상</td><td>10 이하</td><td>0.40 이상
0.50 미만</td><td>0.9 이상</td><td>1.4 이상</td><td>0.160 이하</td><td>0.40 이하</td></tr>
<tr><td>0.6품</td><td>0.72 이상</td><td>6 이하</td><td>0.50 이상
0.70 미만</td><td>1.5 이상</td><td>2.0 이상</td><td>0.190 이하</td><td>0.30 이하</td></tr>
</table>

0.160 W/m · K 이하 및 0.190 W/m · K 이하로 제시하고 있다. 길이 변화율의 경우 0.4품, 0.5품 및 0.6품에서 각각 0.50 이하, 0.40 이하 및 0.30 이하를 만족하도록 제시하고 있다.

(2) 경량 기포 콘크리트 블록(ALC 블록)(KS F 2701)

경량 기포 콘크리트 블록(ALC 블록)에 대한 KS규격의 품질을 요약하면 표 1.4과 같다. KS규격에서는 ALC 블록을 밀도에 따라 0.5품 0.6품 및 0.7품으로 등급을 구분하고 있으며, 절건 비중, 압축강도, 열저항값으로 규격이 결정된다. 절건 비중은 경량성의 등급을 구분하기 위하여 0.5품, 0.6품 및 0.7품에서 각각 0.45~0.55 미만, 0.55~0.65 미만, 0.65~0.75 미만의 범위로 규정된다. 압축강도는 0.5품 0.6품 및 0.7품에서 각각 2.94 MPa 이상, 4.9 MPa 이상 및 6.9 MPa 이상을 만족하도록 제시하고 있으며, 이는 현장 타설용 기포 콘크리트의 압축강도보다 약 3배 이상 높은 수준이다. 열저항

표 1.4 ALC 블록에 대한 품질규격(KS F 2701)

구분	절건 비중	압축강도 (MPa)	열저항값 (m^2 · K/W)
0.5품	0.45 이상 0.55 미만	2.9 이상	0.0053d 이상
0.6품	0.55 이상 0.65 미만	4.9 이상	0.0042d 이상
0.7품	0.65 이상 0.75 미만	6.9 이상	0.0036d 이상

d = 패널의 제작 치수 두께(mm)

값의 경우 0.5품, 0.6품 및 0.7품에서 각각 0.0053d $m^2 \cdot K/W$이상, 0.0042d $m^2 \cdot K/W$ 이상 및 0.0036d $m^2 \cdot K/W$ 이상을 만족하도록 제시하고 있다. 열저항값은 두께/열전도율로 실험 시편의 두께를 50 mm라 가정할 때 열전도율 값은 각각 0.189 W/m·K, 0.238 W/m·K 및 0.278 W/m·K로 나타낼 수 있다. 또한, 경량 기포 콘크리트 블록(ALC 블록)은 2차 제품의 형태로 KS규격에서는 제품의 표준화를 위해 기준 호칭치수를 표 1.5와 같이 제시하고 있다.

표 1.5 ALC 블록의 기준 호칭치수

단위 : mm

높이	두께	길이
200 300 400	100	600
	125	
	150	
	200	
	250	

(3) 재료의 품질관리 및 성능평가를 위한 관련 KS규격

현장 타설용 기포 콘크리트와 경량 기포 콘크리트 블록에서 재료의 품질관리 및 성능평가를 위해 사용되는 재료의 물리·화학적 특성과 성능평가 시험 방법 및 성능 값은 KS규격을 인용하여 제시하고 있다(표 1.6).

표 1.6 비구조용 경량 콘크리트의 품질 및 성능관리를 위해 인용되는 KS규격

구분	표준번호	표준명
재료의 품질관리	KS F 2527	콘크리트용 골재
	KS F 2560	콘크리트용 화학 혼화제
	KS F 4009	레디믹스트 콘크리트
	KS F 4916	시멘트 혼화용 폴리머
	KS L 5201	포틀랜드 시멘트
	KS L 5210	고로 슬래그 시멘트
	KS L 5211	플라이 애시 시멘트
	KS L 5401	포졸란 시멘트
	KS L 5405	플라이 애시
	KS L 9501	공업용 석회

성능평가	KS F 2277	건축용 구성재의 단열성 측정 방법 - 교정 열상자법 및 보호 열상자 법
	KS F 2459	기포 콘크리트의 겉보기 밀도, 함수율, 흡수율 및 압축강도 시험 방법
	KS F 2460	기포 콘크리트의 길이 변화 시험 방법
	KS L 9016	보온재의 열전도율 측정 방법

1.3.2 미국

미국에서는 국내와 달리 단열을 목적으로 사용되는 경량 콘크리트에 대해 국가표준을 제정하여 사용되는 재료, 배합, 제조, 시공 및 시험 등에 대해 구체적인 규격 및 방안을 제시하고 있다. ACI 311 Manual of Concrete Inspection에서는 비구조용 경량 콘크리트에 대해 건조 밀도를 기준으로 경량 충전 콘크리트(lightweight fill concrete)와 경량 단열 콘크리트(lightweight insulating concrete)로 구분하여 각각 사용되는 재료, 배합, 제조, 시공 및 시험 등에 대한 규정을 제시하고 있다. 경량 충진 콘크리트의 경우 건조밀도 801 ~ 961 kg/m^3 및 압축강도 17.6 MPa 미만으로 정의하고 있으며, 배합 및 제조 시 목표 중량과 압축강도를 만족하기 위해 사용할 수 있는 감수제, 촉진제, 지연제 등의 혼화제와 시멘트 및 혼화재료의 사용 규정과 제조 시 타설, 다짐, 양생 및 보양 규정에 대해서 제시하고 있다. 경량 단열 콘크리트의 경우 건조밀도를 800 kg/m^3 이하로 정의하고 있다.

비구조용 경량 콘크리트는 주로 바닥이나 벽체의 단열을 위해 상용되며, 기포 및 골재의 도입여부에 따라 셀타입(골재가 없이 기포나 발포제 등을 사용하여 시멘트 매트릭스에 공기포를 형성)과 골재타입(팽창 질석, 팽창 진주석 및 기타 경량 인공골재)으로 구분하고 있다. 셀타입의 경우 기포의 발포 및 도입 방식과 사용되는 기포제의 종류 및 특성에 대한 기준을 제시하고 있으며, 골재타입의 경우 사용되는 골재의 물리적 특성에 대한 규정 값을 제시하고 있다. 또한, 품질의 확보를 위해 콘크리트의 배합 시 유의사항에 대해서 설명하고 있으며, 목표 성능을 만족하기 위한 적정 배합 설계방식에 대해서도 단위 결합재량 및 단위 수량 등을 구체적으로 제시하고 있다. 이 외에도, 실험실과 현장 배합의 차이에 대한 주의점과 이를 해결하기 위한 방안도 제시하고 있다.

또한, 비구조용 경량 콘크리트의 성능평가를 위해 ASTM C495 (Standard Test Method for Compressive Strength of Lightweight Insulating Concrete)에서는 건조 밀도가 800 kg/m^3 이하인 경량 콘크리트의 압축강도 평가를 위한 시험체 제작, 샘플링 및 양생의 방법에 대해 구체적으로 제시하고 있다. ASTM C796(Standard Test Method for Foaming Agents for Use in Producing Cellular Concrete Using Prefoamed Foam)의 경우 실험실에서 기포 콘크리트를 제조하기 위해 기포발생에 사용되는 화학 기포제의 성능 측정방법과 실험실에서 경량 기포 콘크리트의 제조방법, 압축강도, 할렬 인장강도, 밀도 및 흡수량의 결정 방법 등에 대한 규정을 구체적으로 제시하고 있다.

참고문헌

1) 국가건설기준센터 (2021). KCS 14 20 20 경량 골재 콘크리트, 국가건설기준센터, 고양, 한국
2) 국가기술표준원, KS F 2277, KS F 2459, KS F 2460, KS F 2527, KS F 2560, KS F 4009, KS F 4916, KS L 5201, KS L 5210, KS L 5211, KS L 5401, KS L 5405, KS L 9016, KS L 9501, 국가기술표준원, 음성, 한국
3) 국토교통부 (2021). 주거용건물에너지사용량통계, 통계청, 서울, 한국
4) 한국콘크리트학회 (2011). 최신 콘크리트 공학, 기문당, 서울, 한국
5) ACI Committee 311 (2019). Manual of Concrete Inspection, 11th Edition, American Concrete Institute, MI, USA
6) Americans Society for Testing and Materials (2019). ASTM C495, ASTM C796, Americans Society for Testing and Materials, PA, USA
7) Kumar Mehta, P., Monteiro, P. (2013). Concrete Microstructure, Properties, and Materials, McGraw-Hill

제2장 비구조용 경량 콘크리트

2.1 서 론

경량 콘크리트는 구조용 경량 콘크리트와 비구조용 경량 콘크리트로 대별할 수 있으며, 비구조용 경량 콘크리트는 다시 중간강도 경량 콘크리트 및 경량 기포 콘크리트(혹은 단열콘크리트)로 세분할 수 있다. 미국 포틀랜드시멘트협회(PCA 2011)에 의하면, 비구조용 경량 콘크리트는 건조밀도 800 kg/m^3 이하의 경량 기포 콘크리트 및 건조밀도 800~1,900 kg/m^3 범위의 중간강도 경량 콘크리트로 구분한다. 미국콘크리트학회(ACI 523.1R-05, ACI 523.3R-14) 역시 비구조용 경량 콘크리트를 밀도 800 kg/m^3 초과 기포 콘크리트와 밀도 800 kg/m^3 이하 기포 콘크리트로 구분한다. ACI 523 위원회와 PCA 간 정의는 각각 타설 시 밀도 및 건조밀도를 기준으로 하는 차이가 있다. 한편 밀도 800~1,200 kg/m^3 이하의 기포 콘크리트에서는 골재가 콘크리트의 뼈대를 구성하는 대신에 기포로 이루어진 셀 또는 셀과 골재가 콘크리트의 뼈대를 대체하므로 기포 콘크리트(cellular concrete, foam concrete, aerated concrete)로 불린다. 표 2.1에 기포 콘크리트의 열전도율, 표 2.2에 기포 콘크리트의 일반적인 기계적 성질을 각각 나타내었다.

표 2.1 기포 콘크리트의 열전도율 예(ACI 523.2R-96)

절건밀도(kg/m^3)	열전도율(W/(m · K))	
	절건상태	기건상태
320	0.09	0.12
480	0.12	0.16
640	0.16	0.20
800	0.20	0.26

표 2.2 기포 콘크리트의 기계적 성질 예(PCA 2011)

종류	시멘트:골재 체적비	절건밀도 (kg/m^3)	시멘트량 (kg/m^3)(1종)	물-시멘트비	28일 압축강도 (MPa)
펄라이트	1:4	480~608	362	0.94	2.75
	1:5	416~576	306	1.12	2.24
	1:6	352~545	245	1.24	1.52
	1:8	320~512	234	1.72	1.38
질석	1:4	496~593	380	0.98	2.07
	1:5	448~496	295	1.30	1.17
	1:6	368~464	245	1.60	0.90
	1:8	320~336	178	2.08	0.55
폴리스티렌 비드 및 모래	1:3.4	545	445	0.40	2.24
	1:3.1	625	445	0.40	2.76
	1:2.9	725	445	0.40	3.28
	1:2.5	769	474	0.40	3.79
시멘트 페이스트 기반 기포 콘크리트		625	524	0.57	2.41
		545	468	0.56	1.45
		448	396	0.57	0.90
		368	317	0.65	0.34
시멘트 모르타르 기반 기포 콘크리트	1:1	929	429	0.40	3.17
	1:2	1250	373	0.41	5.66
	1:3	1602	360	0.51	15.1

2.2 경량 골재 콘크리트

2.2.1 일반사항

시멘트계 재료 기반의 경량 콘크리트는 콘크리트 안에 대량의 기포를 혼입시킨 "기포 콘크리트"와 경량 골재를 이용함으로써 경량화한 "경량 골재 콘크리트"로 나눌 수 있다. 그림 2.1에 시멘트계 재료 경량화의 일반적인 방법을 나타내었다.

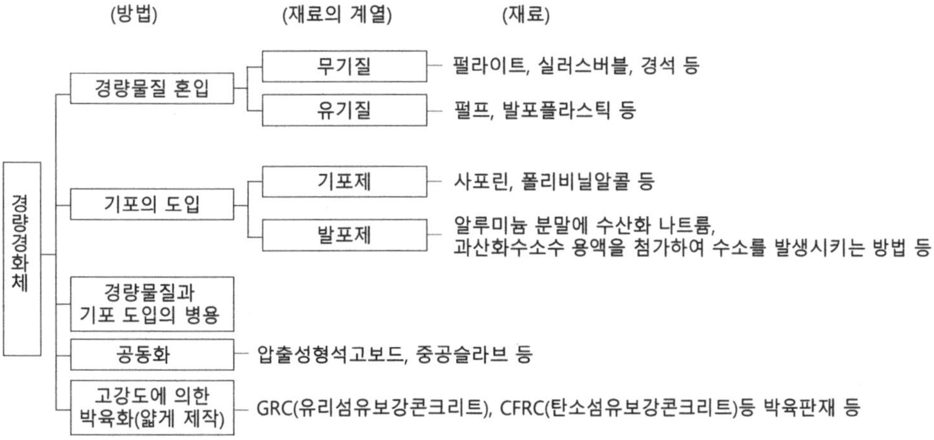

그림 2.1 시멘트계 재료의 일반적인 경량화 방법

경량 골재 콘크리트는 그 대상을 크게 구조용과 비구조용으로 나눌 수 있으며 용도에 따라 마감 모르타르의 형태로 확장해서 구분하는 경우도 있다. 구조용으로는 대표적으로 경량 골재 콘크리트를 들 수 있으며, 비구조용으로서는 패널재나 보드류 외에 단열이나 보온 성능을 중시한 재료, 인상이나 뒤채움 및 방수 누름 등의 비구조용 경량 골재 콘크리트를 들 수 있다.

이 절에서는 경량 골재 콘크리트의 분류 중 경량 골재를 자갈과 모래의 대체용으로 사용한 비구조용 경량 골재 콘크리트를 소개하고자 한다.

2.2.2 사용 용도

그림 2.1은 콘크리트의 경량화를 위한 각종 재료와 경량 재료의 용도 관계를 나타낸다. 비구조용으로 사용되는 천연 경량 골재 콘크리트나 팽창 슬래그 콘크리트는 옥상의 방수, 누름 콘크리트, 단열, 보온, 내화 및 흡음 등의 용도로 사용된다.

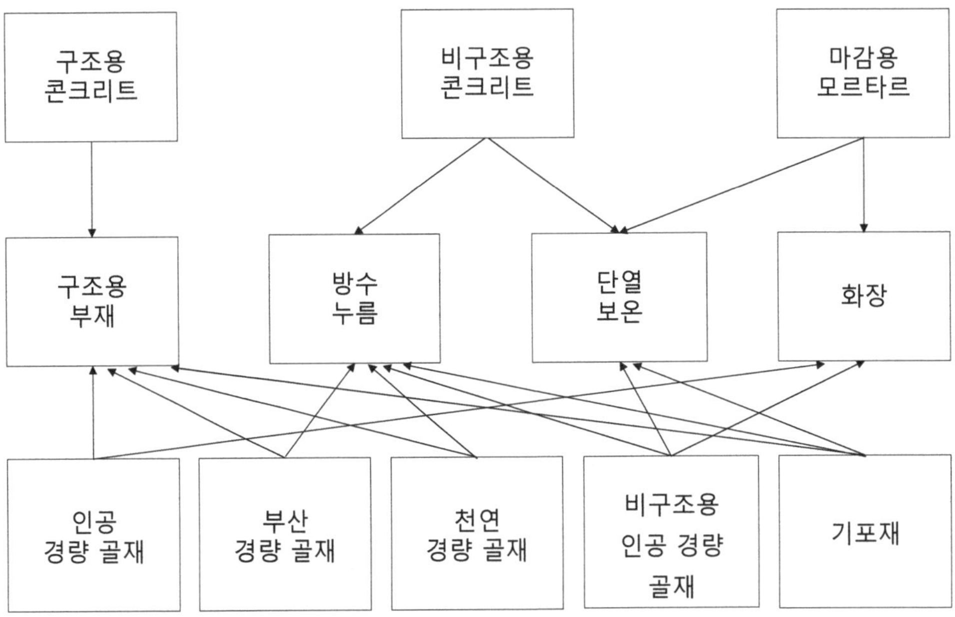

그림 2.2 콘크리트의 경량화를 위한 각종 재료와 경량 재료 용도와의 관계

2.2.3 비구조용 경량 골재의 종류

경량 골재의 종류에는 여러 가지가 있지만 용도에 따라 구조용과 비구조용으로 분류할 수 있다. 또한 생성과정에 의해서 인공 경량 골재, 산업부산물로 발생되는 경량 골재, 그리고 천연 경량 골재로 분류할 수 있다. 그림 2.3 및 표 2.3는 각각 비구조용 경량 골재의 구분 및 특징을 나타낸다.

- 구조용 인공 경량 골재
  - 팽창 혈암
    - 비제립형 — 혈암원석을 파쇄한 상태로 소성한 것
    - 제립형 — 혈암원석을 미분쇄하여 제립, 소성한 것
    - 파쇄형 — 혈암원석을 파쇄하여 소성한 후 파쇄한 것
  - 팽창 점토 — 제립형 — 점토를 제립하여 소성한 것
  - 팽창 슬래이트 — 파쇄형 — 슬래이트의 파편을 소성한 후 파쇄한 것
  - 소성 플라이 애쉬 — 조립형 — 플라이 애시를 제립, 소성한 것
- 비구조용 인공 경량 골재
  - 규조토 — 규조토를 소성시킨것
  - 팽창 질석 — 질석을 소성팽창시킨 것
  - 팽창 진주암 — 진주암을 소성팽창시킨 것
  - 팽창 흑요석 — 흑요석을 소성팽창시킨 것
  - 팽창 합성수지 — 합성수지를 증기 팽창시킨 것
  - 미네랄울 — 미네랄울 등을 알갱이 형태로 만든후 합성수지로 경화시킨것

그림 2.3 비구조용 경량 골재의 구분

표 2.3 비구조용 인공 경량 골재 구분 및 특징

분류	종류	주요원료	제법	형상	골재의 범위
비구조용	팽창 진주암	진주암	분쇄-소성-분류	하천모래형	잔골재
	팽창 질석	질석	분쇄-소성-분류	쇄사형	잔골재 굵은골재
	팽창 규조토	규조토	분쇄-조립-건조-소성-분류	구형	굵은골재
	팽창 흑요석	흑요석	분쇄-소성-분류	쇄사형	잔골재 굵은골재
	발포 합성수지	합성수지	폴리에틸렌을 증기팽창 제조	구형	잔골재
	석탄재	석탄계	분류-수세	-	-
	화산사	화산계	채굴-수세-분류	쇄사형	굵은골재
	갱화석	갱화석	채굴-가공성형	블록형	-

경량 골재는 대부분 밀도가 1,000 kg/m^3 이하로 물 보다 가벼운 소재를 사용하게 되며, 이로 인해 배합 시 골재의 부립에 의한 재료분리 등의 문제가 발생될 가능성이 높으므로 이에 대한 별도의 대책 및 관리가 필요하다. 일반적으로 경량 골재의 부립을 방지하기 위해서는 프리웨팅을 실시하여 골재에 수분을 미리 흡수시키거나, 시멘트 슬러리의 점성을 증가시켜 재료분리를 방지하는 방법 등이 사용되고 있다.

(1) 펄라이트

펄라이트의 원료인 진주암, 흑요석 및 송지암 등은 미분쇄하여 90~1,100℃의 최초 융해점까지 급속히 가열하면 암석의 껍질 부분의 수많은 기밀한 소기포가 유리질의 피막에 둘러싸여서 경량 백색의 입상으로 10~20배 팽창한다. 골재에 포함된 결합수는 열에 의해서 연약해진 입자의 미세한 세포를 형성하도록 증기가 되며 냉각 과정을 통해 강도, 경량성, 수분 침투 저항성을 가지는 독립 기공을 포함하는 벌집과 같은 구조를 이루게 된다.

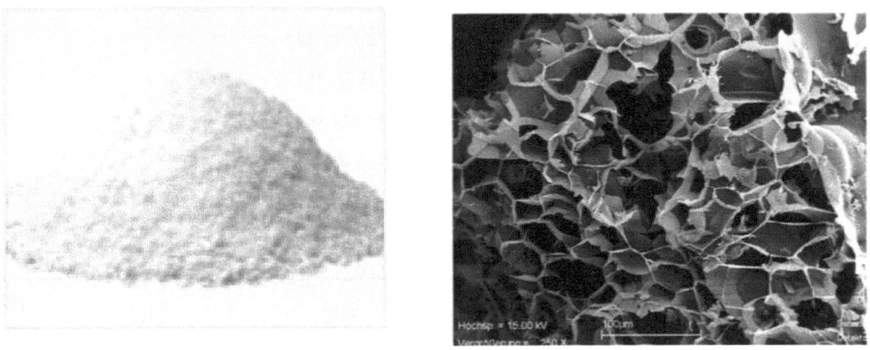

그림 2.4 펄라이트 외관(좌) 및 내부구조(우)

(2) 팽창 질석

질석은 운모와 매우 유사한 광물로 얇은 층으로 구성되어 있다. 질석을 분쇄 후 650~1,000℃로 가열하면 각층의 수분이 팽창하여 각층을 분리시킨다. 이때 질석은 원래 크기의 수배에서 30배까지 팽창하여 수천 개의 독립기공을 갖게 된다. 질석의 단위용적질량은 60~130 kg/m^{3}으로, 단열성(열전도율 0.031~0.05 W/m·K), 경량성(비중 0.15~0.25), 내화성(안전사용온도 1,200℃), 흡음성 및 절연성 등의 장점이 있다. 하지만 흡수율이 90% 이상으로 압축강도 등의 역학적 성능이 낮으므로 사용 시 목표성능에 대한 검토가 필요하다.

그림 2.5 질석의 팽창 전(좌)과 팽창 후(우)

(3) 팽창 점토, 팽창 혈암(Expanded Clay, Expanded Shale)

점토와 혈암을 1000~1200℃로 가열 후 냉각시키는 과정에서 가스가 흡입되고 이를 통해 팽창을 유도하여 골재를 제조한다. 팽창된 혈암과 점토로 만들어진 경량 골재는 다른 인공 경량 골재보다 높은 역학적 특성을 나타낸다.

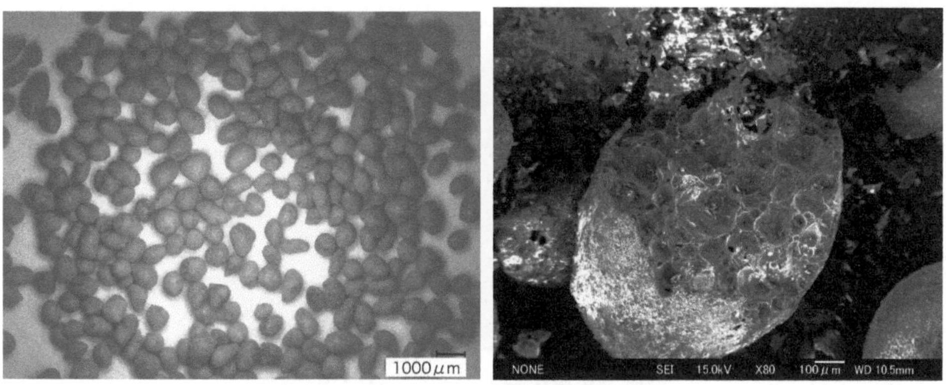

그림 2.6 팽창 질석 외관(좌) 및 내부구조(우)

(4) 발포 합성수지(Expanded Polystyrene, EPS)

발포 합성수지는 폴리스티렌수지에 펜탄 또는 부탄 등 탄화수소 가스를 주입시킨 후 이를 증기로 부풀린 발포제품으로 스티로폼이라고도 불리며 체적의 98%가 공기이고 나머지 2%가 수지인 재료를 말한다.

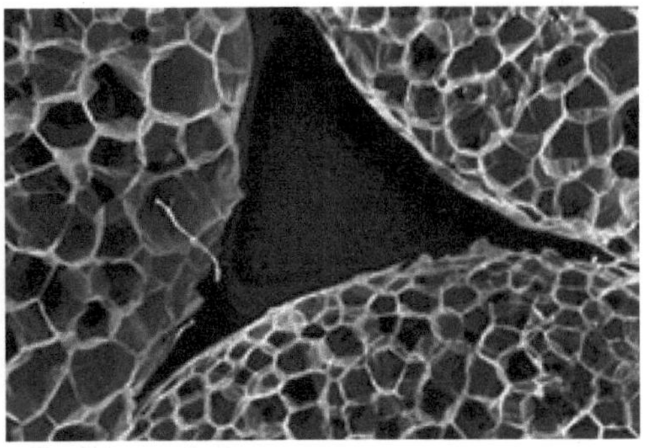

그림 2.7 발포 합성수지 외관(좌) 및 내부구조(우)

(5) 발포 글라스 비드

폐 투명 유리병을 0.2 mm 이하로 분쇄하여 여러 첨가제와 균일하게 혼합하고 물을 부어 반죽한 유리분말을 성형기에 넣어 직경 5 mm의 구형 비드를 만들고 800~850℃의 로터리 킬른에서 10분간 발포시킨 후 서냉하여 제조한다.

그림 2.8 발포 글라스 비드(사진 : News1)

2.2.4 비구조용 경량 골재의 특성

표 2.4는 비구조용 경량 콘크리트에서 자주 사용하는 경량 골재의 겉보기 비중을 나타낸다.

표 2.4 경량 골재의 겉보기 비중(ASTM C332-17)

종류		건조상태 겉보기 비중	
		최소값	최대값
그룹 1	펄라이트 질석	120 88	196 160
그룹 2	잔골재 굵은골재 잔골재 및 굵은골재 (혼합골재)		1120 880 1040

마감재 경량성은 작업성, 밑바탕에 부착성, 단열성, 보온성 및 흡음성 등의 여러 성능 향상의 관점에서 가장 중요시되는 점이다. 특히, 건식 구법의 일익을 담당하는 건축 보드류에서는 다음과 같은 성능이 요구된다.

① 타지 않는 것, 또는 타기 어려운 것
② 가벼운 것
③ 시공성이 우수할 것
④ 상대적으로 저렴할 것

재료의 경량화는 일반적으로 재료 내부의 공극 도입에 의해 초래되며 단열 및 보온성의 향상이 기대되므로 최근에는 에너지 절약의 관점에서 특히 주목받고 있다. 이러한 점에서 건축용 보드류에는 펄라이트, 버미큘라이트, 실러스 벌룬 및 고분자 발포체 등의 경량성이 우수한 골재가 이용되고 있다. 이 중 펄라이트 및 버미큘라이트는 암석을 소성·팽창시킨 것으로 내열 성능이 뛰어나며 불연성 재료로 석고보드, 석면 시멘트 펄라이트판, 펄프시멘트 펄라이트 섬유판을 비롯해 많은 무기질계 보드류에 사용되고 있다.

또한, 경량성 습식 마감재로는 시멘트계 분사재와 미장재 등을 대표적인 예로 들 수 있다. 분사재에 사용되는 골재로는 규사와 강사 등이 일반적이었으나, 1965년대 이후에는 인공 경량 골재, 펄라이트 및 버미큘라이트 등이 사용되기 시작했으며, 최근에는 발포 합성수지 등의 유기계 경량 골재도 활발히 사용되고 있다. 그 중에서도 펄라이트, 버미큘라이트 등은 경량성뿐만 아니라 내열성이나 단열성도 뛰어나다. 특히 천장용 분사재나 내화 피복재 등에 현장 발포 콘크리트(또는 모르타르)가 이용되는 경우도 있으나, 부피 변화 등의 문제로 인해 경량 골재를 이용한 콘크리트가 더 많이 사용된다.

벌룬은 직경이 20~300 μm이며, 중공체로 밀도가 1 g/cm^2 이하로 경량성 및 단열성이 뛰어나다. 벌룬은 1950년대 초기에 미국에서 개발되었으며, 그후 E&C사(Emerson & Cuming Inc.)가 Standard Oil of Ohio사의 유리질 및 유기질 미세 중공체에 관한 허가를 받아 U.C.C. 랜센스를 제조한 것이 시초로 알려져 있다. 이후, 상품명으로 사용된 "Microballoons"가 미소중공체의 대명사가 되었다. 또한, 시멘트 콘크리트 기반 경량성 및 단열성 건재로는 비교적 저렴한 실러스 벌룬이나 플라이 애시 벌룬이 주로 이용된다. 벌룬은 입자가 매우 작기 때문에 매트릭스의 내압 강도증대에 효과적이다. 다만, 비용이 높기 때문에 프리캐스트 콘크리트나 GRC 등의 패널용 골재로 이용되는 일이 많다. 최근 건물의 초고층화 등을 배경으로 초경량, 고강도 재료에 대한 수요가 증가됨에 따라 활발한 연구가 수행되고 있다.

2.2.5 비구조용 경량 골재 콘크리트의 적용 사례

(1) 경량 골재 콘크리트 블록

팽창점토 기반의 경량 골재와 시멘트를 혼입하여 만든 무기계 경량 콘크리트 블록으로 일반적인 블록과 달리 콘크리트의 단열성 향상을 위해 포러스 콘크리트 재료설계법을 적용하였다. 그 결과 일본 목조주택 기초 부분의 단열부재로 적용할 수 있는 단열블록(열전도율=0.11 W/m · K)의 개발이 가능하다고 보고 하였다(Kwon 2018).

그림 2.9 경량 골재 포러스 콘크리트(공극률=25%,좌), 경량 골재 콘크리트 블록(가운데), 블록 적용개념도(우)

(2) 경량 골재 콘크리트 패널

발포 합성수지와 시멘트를 혼입하여 만든 패널로 실내 칸막이 벽, 지하 이중벽, 외벽 등 주로 비내력벽에 사용된다. 발포 합성수지의 대량 혼입으로 비중이 0.68~0.78 정도로 매우 가벼우며 단열성 및 차음성능이 매우 뛰어나다.

그림 2.10 발포합성수지 활용 경량 골재 콘크리트 보드(좌)와 건식벽체에 적용사례(우)

2.2.6 건식벽체 적용 시 요구성능

(1) 내화구조의 성능기준

현행 건축법 시행령 제53조 및 피난규칙 제19조에 따라 세대간 경계벽은 내화구조로 하도록 규정되어 있다. 내화구조에 대한 성능기준은 건축법 시행령 제2조 및 건축물의 피난·방화 등의 기준에 관한 규칙 제3조 8항에 따른다. 표 2.5는 내화구조의 성능기준을 나타낸다.

(2) 차음성능기준

건축법 시행령 제53조, 건축물의 피난·방화구조 등의 기준에 관한 규칙 제19조 제2항 제4호 및 주택건설기준 등에 관한 규정 제14조의 규정에 의하여 건축물의 경계벽 및 간막이벽에 대한 차음구조의 인정 및 관리에 관한 기준에 따른다. 표 2.6는 차음구조 성능기준을 나타낸다.

표 2.5 내화구조의 성능기준

<table>
<tr><th colspan="3" rowspan="3">구성 부재
용 도</th><th colspan="6">벽</th><th rowspan="4">보
·
기둥</th><th rowspan="4">바닥</th><th rowspan="4">지붕
·
지붕틀</th></tr>
<tr><th colspan="3">외벽</th><th colspan="3">내벽</th></tr>
<tr><th rowspan="2">내력벽</th><th colspan="2">비내력벽</th><th rowspan="2">내력벽</th><th colspan="2">비내력벽</th></tr>
<tr><th colspan="2">용도구분</th><th>용도규모
층수/최고높이(m)</th><th>연소우려가 있는 부분</th><th>연소우려가 없는 부분</th><th>간막이벽</th><th>승강기·계단실의 수직벽</th></tr>
<tr><td rowspan="3">일반시설</td><td rowspan="3">제1종 근린생활시설, 제2종 근린생활시설, 문화 및 집회시설, 종교시설, 판매시설, 운수시설, 교육연구시설, 노유자시설, 수련시설, 운동시설, 업무시설, 위락시설, 자동차 관련 시설(정비공장 제외), 동물 및 식물 관련 시설, 교정 및 군사 시설, 방송통신시설, 발전시설, 묘지 관련 시설, 관광 휴게시설, 장례시설</td><td>12/50 초과</td><td>3</td><td>1</td><td>0.5</td><td>3</td><td>2</td><td>2</td><td>3</td><td>2</td><td>1</td></tr>
<tr><td>12/50 이하</td><td>2</td><td>1</td><td>0.5</td><td>2</td><td>1.5</td><td>1.5</td><td>2</td><td>2</td><td>0.5</td></tr>
<tr><td>4/20 이하</td><td>1</td><td>1</td><td>0.5</td><td>1</td><td>1</td><td>1</td><td>1</td><td>1</td><td>0.5</td></tr>
<tr><td rowspan="3">주거시설</td><td rowspan="3">단독주택, 공동주택, 숙박시설, 의료시설</td><td>12/50 초과</td><td>2</td><td>1</td><td>0.5</td><td>2</td><td>2</td><td>2</td><td>3</td><td>2</td><td>1</td></tr>
<tr><td>12/50 이하</td><td>2</td><td>1</td><td>0.5</td><td>2</td><td>1</td><td>1</td><td>2</td><td>2</td><td>0.5</td></tr>
<tr><td>4/20 이하</td><td>1</td><td>1</td><td>0.5</td><td>1</td><td>1</td><td>1</td><td>1</td><td>1</td><td>0.5</td></tr>
<tr><td rowspan="3">산업시설</td><td rowspan="3">공장, 창고시설, 위험물 저장 및 처리시설, 자동차 관련 시설 중 정비공장, 자연순환 관련 시설</td><td>12/50 초과</td><td>2</td><td>1.5</td><td>0.5</td><td>2</td><td>1.5</td><td>1.5</td><td>3</td><td>2</td><td>1</td></tr>
<tr><td>12/50 이하</td><td>2</td><td>1</td><td>0.5</td><td>2</td><td>1</td><td>1</td><td>2</td><td>2</td><td>0.5</td></tr>
<tr><td>4/20 이하</td><td>1</td><td>1</td><td>0.5</td><td>1</td><td>1</td><td>1</td><td>1</td><td>1</td><td>0.5</td></tr>
</table>

표 2.6 차음구조 성능기준

등급	등급기준 (dB)
1급	63 ≤ Rw + C 및 세대간 경계벽을 공유하지 않는 경우
2급	58 ≤ Rw + C < 63
3급	53 ≤ Rw + C < 58
4급	48 ≤ Rw + C < 53

(주) Rw : KS F ISO 10140에 따라 실험실에서 측정한 음향감쇠계수(음향투과손실)를 KS F ISO 10140에 따라 평가한 단일수치평가량, C : KS F ISO 10140에서 규정하고 있는 스펙트럼조정항으로서 특정주파수대역에서 차음성능이 저하하는 것을 평가하기 위해 적용

2.3 경량 기포 콘크리트

KS F 4039에서는 기포 콘크리트를 겉보기 밀도 0.7 g/cm^3 미만으로 상압 양생한 콘크리트라고 규정하고 있다. 현장 타설용 기포 콘크리트의 품질에 대해서는 표 2.7 및 표 2.8과 같이 규정하고 있다. 기포 콘크리트의 재료는 시멘트 및 골재를 주원료로 하고, 기포제, 물, 혼화재료 및 경량 충전재 등으로 구성된다. 이때 시멘트는 포틀랜드 시멘트, 고로슬래그 시멘트, 플라이 애시 시멘트 및 포졸란 시멘트가 사용되며, 골재는 KS F 2527에 적합한 것이어야 한다. 혼화재료는 플라이 애시, 콘크리트용 혼화제 및 시멘트 혼화용 폴리머 등을 사용되고, 제품의 경량화 및 개선을 위하여 경량 충전제로서 발포 폴리스티렌 비드 및 섬유류 등이 사용된다.

표 2.7 굳지 않은 기포 콘크리트의 품질 규정(KS F 4039)

구분	기포 슬러리의 밀도(kg/cm^3)	플로값 (mm)	침하 깊이 (mm)
0.4품	0.39 이상	180 이상	15 이하
0.5품	0.52 이상		10 이하
0.6품	0.72 이상		6 이하

표 2.8 양생된 기포 콘크리트의 품질 규정(KS F 4039)

구분	겉보기 밀도(kg/cm^3)	압축강도(MPa)		열전도율 (W/m · K)	길이변화율 (%)
		7일	28일		
0.4품	0.3 이상 0.4 미만	0.5 이상	0.8 이상	0.13 이하	0.5 이하
0.5품	0.4 이상 0.5 미만	0.9 이상	1.4 이상	0.16 이하	0.4 이하
0.6품	0.5 이상 0.7 미만	1.5 이상	2.0 이상	0.19 이하	0.3 이하

2.3.1 일반사항

기포 콘크리트의 구성성분은 시멘트, 물, 기포제, 광물성 혼화재료 및 화학적 혼화재료이며, 잔골재를 포함할 수 있다. 시멘트는 1종 보통 포틀랜드 시멘트 혹은 3종 조강 포틀랜드 시멘트와 $CaCl_2$ 등의 경화촉진제를 함께 사용한다. 초경량 기포 콘크리트 제조 시에는 칼슘설포알루미네이트 시멘트 및 알루미나 시멘트 등의 초속경 시멘트를 경화지연제와 함께 사용할 수도 있다.

선기포 방법으로 기포 콘크리트를 제조하는 경우, 시멘트 슬러리 제조에 사용하는 물-시멘트비의 범위는 보통 0.4~0.65이다. 기포제는 보통 수용액 형태의 농축된 상용 제품을 사용하며 물과 기포제 수용액을 제조사가 제시한 권장사양에 따라 일정한 비율로 혼합하여 사용한다. 기포를 제조하기 위하여 기포생성기가 별도로 필요하며 물과 기포제 수용액을 400~700 kPa의 압축공기로 휘저어서 기포(기포군)를 만든다. 기포군의 밀도 범위는 32~80 kg/m^3이다.

이후 최소한 40~50 rpm 이상의 회전속도를 갖는 패들믹서를 사용하여 미리 제조한 시멘트 슬러리와 기포군을 교반한다. 약 2~3분의 교반으로 시멘트 슬러리와 기포군이 충분히 섞이게 되며, 지나치게 긴 시간의 교반은 기포 형성에 불리할 수 있다. 기포 콘크리트에서 기포가 차지하는 체적은 보통 50%~80% 범위이나, 초경량 기포 콘크리트에서는 기포의 체적이 85%~90% 이상일 수도 있다.

추가적으로 플라이 애시 및 실리카 퓸 등의 광물성 혼화재료를 사용하거나 HPMC(hydroprophyl methyl cellulose) 등의 화학적 혼화재료를 사용함으로써 기포의 안정성을 높이고, 기포 콘크리트의 강도를 향상시킬 수 있다. 한편 미연탄소를 많이 함유한 플라이 애시 등 일부 광물성 혼화재료 및 화학적 혼화재료는 기포의 형성에 불리할 수 있으므로 제조사의 권장사양을 참고하거나 시험배합을 실시하여야 한다.

2.3.2 용도

우리나라에서 현장 타설용 기포 콘크리트(이하 기포 콘크리트)는 건축용으로 공동주택의 온돌구조용 단열재 및 토목용으로 채움재 등으로써 많이 사용되고 있다. 표 2.9에 국내외 기포 콘크리트의 주요 용도를 나타내었다.

표 2.9 기포 콘크리트의 용도 예시 (정지용, 2011)

구분	용도	구분	용도
건축용	주택 및 아파트 바닥, 벽 단열재 건축물 옥상 단열층 건축물 단열 보조기층 및 성토용 건축물 바닥 방음, 방진, 단열재 냉동실, 건조실, 식품창고, 축사 등의 단열재	2차 제품	건축용 내화재 조립식 PC 패널 경량 블록 및 벽돌
토목용	도로 보조기층용 성토 및 연약지반의 토질개량 지하 매설 케이블 및 상하수도 배수관 보호용 터널, 항만, 교량 공사 뒷채움용 지하철 방음, 방진용	기타	선박 내부 방음, 방진, 단열용 공항 활주로의 충격흡수재 (EMAS, engineered material engineering system) 등

2.3.3 기포제

선기포 방식에 사용되는 기포제는 계면활성 작용을 통해 물리적인 힘으로 기포를 제조하기 위해 사용되는 혼화제로서, 기포제에 따라서 기포의 발포율, 크기, 형상 및 안정성이 다르다. 기포의 형성은 기포제에 의해 수용액의 표면장력이 낮아지고 점도가 높아지면서 외부로부터의 공기 도입을 통해 형성되며, 기포의 크기는 약 0.1~1 mm 범위이다. 기포제의 종류는 합성 계면활성제(surfactant: alpha olefin sulfonate 등), 수지비누계 기포제 및 단백질계 기포제가 있으며, 단백질계 기포제는 다시 식물성 단백질 기포제(vegetable soap 등) 및 동물성 단백질 기포제(fe-protein 등)로 구분할 수 있다. 한편 후발포 방식에서는 시멘트 슬러리에 알루미늄 분말이나 아연 분말 등의 발포제를 혼합하여 화학반응에 의해 발생하는 가스에 의해 기포를 도입하며, 일반적으로 크기와 분포가 불균일한 기포가 형성된다.

2.3.4 제조방법

(1) 선기포 방식

기포 콘크리트의 가장 일반적인 제조방법은 그림 2.11에 나타낸 선기포 방식이다. 선기포 방식에서는 그림 2.11과 같이 먼저 시멘트와 물을 교반하여 시멘트 슬러리를 만든다. 이와 동시에 동물성 단백질 혹은 식물성 단백질 기반 기포제 혹은 합성 계면활성제의 농축액을 물로 희석한 후, 거품생성기를 사용하여 기포군(preformed foam)을 제조한다. 이후 미리 제조한 시멘트 슬러리에 기포군을 추가하고, 추가 교반하여 기포 콘크리트를 제조할 수 있다. 필요에 따라서 시멘트 슬러리 제조 시 유동화제 등을 추가하거나, 기포군의 안정성을 위한 화학적 혼화재료를 추가할 수 있다. 선기포 방식은 기포의 양을 조절하기 쉽고, 비교적 균일한 독립기포가 형성되는 것이 장점이다.

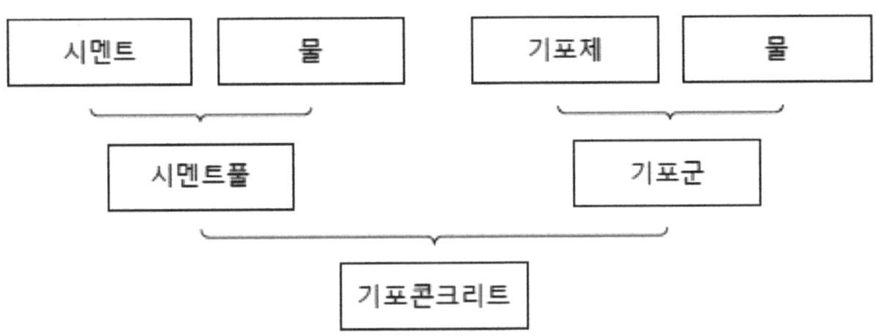

(a)

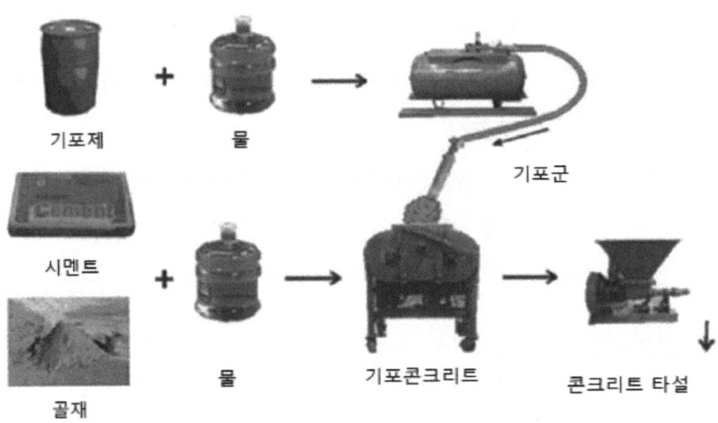

(b)

그림 2.11 선기포 방법에 의한 배합 흐름도

Zhang 등(2020)은 선기포 방식에 의한 초경량 기포 콘크리트의 제조를 위해 시멘트와 물을 고속(285 rpm)으로 교반하여 시멘트 슬러리를 제조하고, 이와 별도로 물과 상용 기포제 수용액을 60:1의 비율로 섞은 후 기포생성기에 투입하여 밀도 68 kg/m^{3}의 기포군을 제조하였다. 이후 시멘트 슬러리와 기포군을 함께 교반하여 초경량 기포 콘크리트를 제조하였다. 재령 1일까지 수분의 손실이 없도록 조치한 후 탈형하였고, 재령 7일까지 습윤양생을 실시하였다. 물-시멘트비를 0.42로 하고, 시멘트에 대한 기포군의 중량비율을 30%로 사용한 배합에서, 초경량 기포 콘크리트의 밀도는 288 kg/m^3, 압축강도는 0.5 MPa, 열전도율은 0.086 W/m·K이었다. 기포의 안정성을 향상시키기 위하여 HPMC를 배합에 추가한 결과, HPMC 1%(시멘트 질량 대비)를 추가한 경우 밀도는 268 kg/m^3, 압축강도는 0.62 MPa, 열전도율은 0.061 W/(m·K)로 역학적 및 열적 성능이 향상한 것으로 보고하였다.

(2) 혼합기포 방식

콘크리트 교반과 동시에 기포를 발생시키는 혼합기포 방식은 배합 시 믹서기 패들의 빠른 회전에 의해 연행공기를 발생시키는 물리적 방법이다. 즉 시멘트 슬러리와 기포제 농축액을 고속으로 회전하는 믹서로 교반하여 공기의 연행을 통해 기포 콘크리트를 제조할 수 있다. 다만 혼합기포 방식은 혼합시간에 따라 기포 도입량에 차이가 발생하여 기포 발생량 조절이 어려운 편이며, 도입 공기량에 물리적인 한계가 있다.

Sang 등(2015)은 혼합기포 방식으로 초경량 기포 콘크리트를 제조하였는데, 초속경 설포알루미네이트 시멘트와 공기연행제(기포제)를 사용하여 교반 시 기포를 발생시켰다. 기포제는 시멘트 질량대비 0.6%로 사용하고, 유동화제는 시멘트 질량대비 0.2%를 사용하였다. 또한 기포의 안정성을 향상시키기 위하여 HPMC를 소량 사용하였다. 먼저 시멘트 등 분말재료를 계량한 후 믹서에 선투입하여 저속(145 rpm)으로 교반하였고, 물과 기포제를 추가하여 고속으로(285 rpm) 교반하여 기포를 발생시켰다. 8시간 후 탈형하여 재령 3일까지 표준양생을 실시하였다. 배합에 적용된 물-시멘트비의 범위는 0.75~0.95이었다. 제조된 초경량 기포 콘크리트의 공극량은 물-시멘트비의 증가에 따라서 소폭 증가하였으나, 물-시멘트비 0.9 이상에서는 발생한 공극이 서로 연결되는 연속공극이 증가하였다. 물-시멘트비가 0.85에서 공극률 90.4%, 밀도 201 kg/m^3, 열전도율 0.069 W/m·K 및 재령 3일 압축강도 0.3 MPa이었다. 또한 HPMC를 시멘트 질량대비 0.3~0.5% 사용하면, HPMC가 기포의 안정성을 높이는 동시에 수분의 증발을 감소시켜 수축저감효과가 있는 것으로 보고하였다. 표 2.10에 Sang 등이 실험에 사용한 배합상세, 그림 2.12에 경량 기포 콘크리트의 SEM 사진을 각각 나타내었다.

표 2.10 초경량 기포 콘크리트 : 혼합기포 방식의 배합 예(Sang 등 2015)

물-시멘트비	설포 알루미네이트 시멘트 (g)	기포제 (sodium sulfate alcohol ether, g)	유동화제 (%)	공극률 (%)	흡수율 (%)	밀도 (kg/m^3)	3일 압축강도 (MPa)	열전도율 (W/m · K)
0.75	500	3.0	0.2	84.8	14.9	409	0.682	0.078
0.80				88.7	15.3	306	0.485	0.072
0.85				90.4	13.6	260	0.401	0.069
0.90				92.6	43.0	201	0.304	0.058
0.95				93.3	56.5	181	0.223	0.059

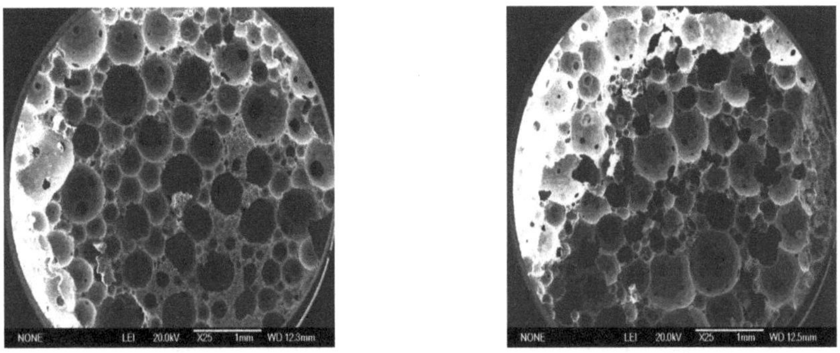

(a) 물-시멘트비 = 0.8 (b) 물-시멘트비 = 0.9

그림 2.12 혼합기포 방법으로 제조한 초경량 기포 콘크리트 단면(SEM 사진, Sang 등 2015)

(3) 후기포 방식(발포)

후기포 방식은 기포 콘크리트를 교반하면서 화학적 반응을 통해 가스를 형성하여 기포을 만드는 것이다(gas concrete). 이때 기포제로서 알루미늄 분말, 과산화수소(H_2O_2) 등을 사용할 수 있다. 예를 들어서 알루미늄은 시멘트 슬러리 안의 용해된 알칼리 성분과 반응하여 다음의 식(1)과 같이 수소거품을 형성시킨다(Mindess 등 2003).

$$Al + 2OH^- + 2H_2O \rightarrow Al(OH)_4^- + H_2 \qquad (1)$$

후기포 방식은 배합수의 온도 등 주변 환경의 영향을 많이 받으며, 기포 발생량 조절이 어렵고, 기포의 크기와 분포도 분균일한 편이다. Jin 등(2021)은 조강 시멘트에, 경화촉진제인 $CaCl_2$과 소량의 석분을 필러로 사용하여 초경량 기포 콘크리트를 제조하였다. 기포 안정제로는 calcium stearate($C_{36}H_{70}CaO_4$)를 사용하고, 소량의 고유동화제를 추가하였다(표 2.11 참고). 시멘트를 포함한 모든 분말 재료를 저속(60 rpm)으로 혼합한 후, 고온(섭씨 35℃, 37℃ 및 40℃)의 물을 넣고 중속(120 rpm)으로 교반하여 시멘트 슬러리를 제조하였다. 이후 H_2O_2 수용액을 시멘트 슬러리에 추가하여 고속(200 rpm)으로 10초간 교반하였다. 이렇게 제조한 콘크리트는 형틀에 약 1/5 정도만 차도록 부어넣었다. 화학적으로 생성된 기포가 충분히 형성되어 형틀을 채운 후에 상대습도 95%에서 1일간 양생한 후 기건양생을 실시하였다. 기포가 충분히 형성되기까지 소요된 시간은 약 10분이었다. 온도가 섭씨 35℃, 37℃ 및 40℃일 때 배합한 초경량 기포 콘크리트의 밀도는 각각 225 kg/m^3, 210 kg/m^3 및 201 kg/m^3이었다. 표 2.9에 Jin 등이 실험에 적용한 배합상세, 그림 2.13에 초경량 기포 콘크리트의 단면을 각각 나타내었다. 시멘트 슬러리에 H_2O_2가 혼합된 후 H_2O_2의 분해에 의해 기포가 생성되었다. 배합수 온도가 상대적으로 높은 경우(섭씨 40℃)에는 서로 밀집하고 일정한 크기의 기포가 초기에 충분히 형성되어 전체적으로 등방성에 가까운 형태를 나타내었다. 반면, 배합수의 온도가 상대적으로 낮은 경우(섭씨 35℃)에 기포의 형성은 전체적으로 서서히 진행된 반면에 초기에 형성된 기포의 크기가 빠르게 성장하는 특성을 나타내었다. 초기 단계 이후에 생성된 기포는 초기에 생성되어 거대해진 기포에 압력을 가하게 되어 전체적인 기포의 형태가 다소 뒤틀린 것을 알 수 있다(그림 2.13 참고). 즉, Jin 등은 타설 시 온도가 기포의 안정적인 등방성 구조를 형성하는 데 중요한 영향을 미치는 것으로 보고하였다. 생성된 공극의 지름은 22.0~23.4 μm의 범위에 있었으며, 압축강도는 모든 배합에서 0.28 MPa 이하로 일반적인 기포 콘크리트 대비 낮았다.

표 2.11 혼합 기포 방법에 의한 초경량 기포 콘크리트의 배합실험 상세(화학적 방법)

재료	시멘트 (52.5R 등급)	기포제 (H_2O_2 35% 용액)	필러 (석분, 평균입경 13.4 μm)	물	기포 안정제 (calcium stearate)	고유동화제 (melamine)	경화 촉진제 ($CaCl_2$)	PP 섬유
질량 (kg/m^3)	80	8	120	108	12	3.2	2.4	1.6

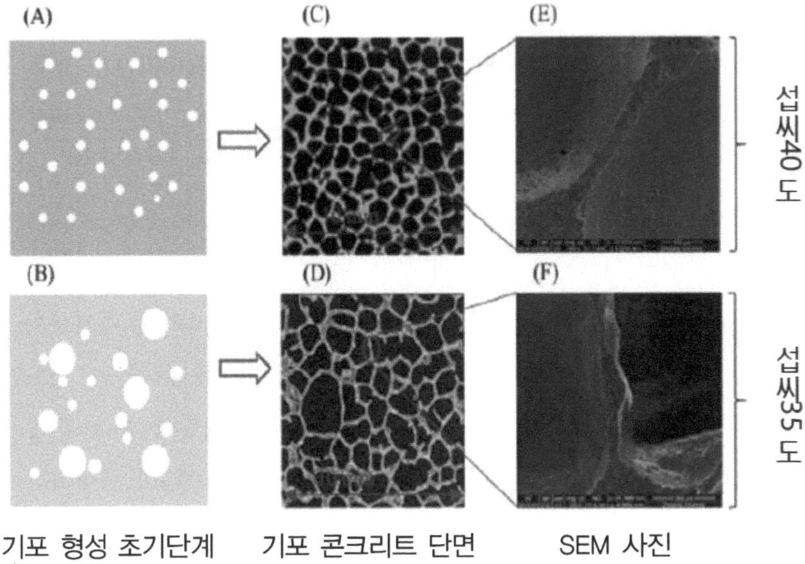

그림 2.13 기포 형성 상태의 도식적 그림

(4) 기타 방법 : 선기포 방식 + micro hollow sphere

Zhang 등(2020)은 선기포 방식으로 초경량 기포 콘크리트 배합실험 시 지름 약 80 μm의 micro hollow microsphere를 추가하였다(그림 2.14 참고). 밀도가 20~30 kg/m^{3}인 micro hollow microsphere는 아크릴계 폴리머를 소성·팽창시켜 만든 상용 제품으로, OH^- 그룹을 포함하고 있어 친수성을 나타내었다. Micro hollow microsphere를 포함한 초경량 기포 콘크리트의 밀도 및 압축강도는 혼입하지 않은 배합 대비 감소하고, micro hollow microsphere가 독립적인 기포를 형성하므로 흡수율과 열전도율이 감소하였다. 또한, micro hollow microsphere는 6.5 wt%(by weight of cement) 사용 시 가장 효과적이었고, 이때 초경량 기포 콘크리트의 밀도는 217 kg/m^3, 압축강도는 0.391 MPa, 열전도율은 0.0456 W/(m·K)이었다. Micro hollow microsphere를 포함한 초경량 기포 콘크리트의 총 공극률은 87.6%이었는데, 이 중 독립적인 공극률이 약 74%로 micro hollow microsphere에 의한 독립 공극이 낮은 열전도율에 기여하는 것으로 보고하였다.

Hollow microsphere (S80W)

Micro hollow sphere를 6.5wt% 사용한 단면

그림 2.14 Micro hollow microsphere를 사용한 초경량 기포 콘크리트(Zhang 등, 2020)

2.3.5 기포 콘크리트의 기계적 성질

일반적으로 골재를 사용하지 않는 경량 기포 콘크리트는 재료 자체의 다공성 및 경량성 등으로 밀도와 열전도율이 낮아 단열재나 충전재 등으로 많이 사용된다. 외국의 경우 일반적인 경량 기포 콘크리트의 비중은 절건밀도가 300 kg/m^3 정도이며, 일부 200 kg/m^3 이하인 경우도 있다. 경량 기포 콘크리트의 밀도는 함수율에 따라 달라진다. 일상적인 사용상태는 기건상태이며, 이때의 함수율은 습도 및 온도 등 환경조건에 따라 각각 다르다. 대략적으로 기건밀도는 슬러리 밀도(slurry density)에 비해 약 80 kg/m^3 정도 작은 것으로 알려져 있다. 경량 기포 콘크리트의 밀도 중 가장 낮은 값은 절건밀도이며, 경량 기포 콘크리트의 열전도율과 밀접한 관계를 나타낸다. 절건밀도는 경량 기포 콘크리트를 구성하는 골재, 시멘트 및 약 시멘트 질량의 20%로 가정되는 반응수의 단위용적질량의 합이라는 가정에 의하여 약식으로 계산할 수 있다. 표 2.12는 영국시멘트협회(British Cement Association, BCA)에서 제시하는 일반적인 경량 기포 콘크리트의 조성과 물리적 특성을 나타낸 것이고, 표 2.13은 국내에서 사용되고 있는 경량 기포 콘크리트 등의 물리적 특성을 나타낸 것이다.

습윤 양생된 경량 기포 콘크리트의 압축강도는 콘크리트의 전체 공극량과 물-시멘트비에 의해서 영향을 받는다. G. C. Hoff(2004)의 연구결과에 의하면 경량 기포 콘크리트의 압축강도는 공극량의 함수로 나타낼 수 있다. 이때 공극량은 도입된 공기에 의한 공극과 잉여수의 증발로 인하여 생길 수 있는 공극의 합이 된다. 일반적인 경량 기포 콘크리트의 탄성계수는 1.7~3.5 GPa의 범위에 있다. 콘크리트 균열 발생의 원인이 되는 건조 수축량은 경량 기포 콘크리트의 밀도에 큰 영향을 받게 되는데 절건밀도가 1,600 kg/m^{3}인 경우 건조수축량은 700×10^{-6} 정도이며, 절건밀도가 400 kg/m^{3}인 경우 건조수축량은 $3{,}000\times10^{-6}$ 정도로 나타난다.

표 2.12 경량 기포 콘크리트의 조성과 물성

단위 시멘트량 (kg/m^3)	슬러리 밀도 (kg/m^3)	절건밀도 (kg/m^3)	단위 잔골재량 (kg/m^3)	기포율 (%)	압축강도 (MPa)	열전도율 (W/(m · K))
300	500	360	0	78	1	0.1
320	900	760	420	62	2	0.2
360	1300	1180	780	45	5	0.4
400	1700	1550	1130	28	10	0.6

표 2.13 경량 기포 콘크리트의 물리적 특성 비교(국내의 경우)

구분	경량 기포 콘크리트		보통 콘크리트
	선기포방식	ALC (고온 · 고압 양생)	
단위중량(kg/m^3)	300~1,600	300~800	2,200~2,600
압축강도(MPa)	0.5~1.5	2.0~8.0	100~400
흡수율(%)	15~20	10~40	10~18
동결융해지수(%)	83~91	50	70~80
건조수축율(%)	0.2~0.45	0.05 이하	0.04~0.07
흡음율(%)	0.1~0.2	0.2~0.8	0.01~0.04

경량 기포 콘크리트는 다공성으로 인하여 수분의 흡수 및 이동이 쉬워 일반적인 투기계수의 범위는 10^{-6}~10^{-10}m/s이다. 이외에도 일반적으로 알려져 있는 경량 기포 콘크리트의 기계적 특성은 아래와 같다.

(1) 유동성

경량 기포 콘크리트의 유동성은 일반적으로 자기 충진이 가능한 정도의 유동성을 나타내므로, 평평한 부위에 사용해야 하며, 몰드나 거푸집의 상태가 수밀하여야 한다. 높은 점성을 갖는 배합의 경우 약간의 다짐을 필요로 할 수 있다. 특히 현장타설 기포 콘크리트의 경우 이송 및 타설 장소에서의 수평작업과 밀접한 관련이 있어 현장에서의 시공성 및 마무리 정도를 나타내는 척도로 활용되고 있다.

(2) 겉보기 밀도

경량 기포 콘크리트의 밀도는 다른 기계적 성질과 가장 밀접하게 연관되어 있으며, 강도, 수축량, 투수율 및 열적성능 등의 모든 특성에 영향을 미친다. 경량 기포 콘크리트의 겉보기 밀도는 사용하는 골재의 종류보다는 기포 혼입량의 영향을 지배적으로 받으며, 원료의 배합조건이나 양생조건 및 함수율 등에 따라서도 차이를 보인다. 일반적으로 모든 재료는 함수율의 증가에 따라 밀도의 증가를 보이나 그 증가율은 사용된 재료의 영향을 받게 된다. 특히 경량 기포 콘크리트의 경우 다른 재료대비 공극률이 높아 함수율의 변화에 따라 겉보기 밀도가 두 배 이상의 차이가 날 수도 있으며, 이는 압축강도와 열전도율 등에 현저한 영향을 준다.

(3) 압축강도

경량 기포 콘크리트의 압축강도는 기포율과 상관성이 높은데, 일반적으로 기포율의 증가에 따라서 밀도와 역학적 강도가 낮아진다. 경량 기포 콘크리트의 일반적인 압축강도 범위는 0.5~8.0 MPa 수준으로, 초경량 기포 콘크리트의 경우 압축강도를 높이기 위하여 실리카 퓸 등 혼화재료를 사용하거나 감수제를 사용할 수 있다.

(4) 인장강도

PP 섬유, PE 섬유, 나일론 섬유 등의 단섬유를 사용하여 경량 기포 콘크리트의 휨강도, 인장강도 및 내충격 성능 등을 향상시키고, 소성수축균열을 감소시킬 수 있다.

(5) 수축

경량 기포 콘크리트는 내부의 연속 공극에 의해 수분을 잃기 쉽고, 독립 공극에서도 얇은 막을 통해 수분의 손실이 발생하므로 보통 콘크리트 대비 건조수축량이 큰 편이다. 따라서, 한국토지주택공사가 시행하는 건설공사에 대한 전문 시방서 중 '24010 경량 기포 콘크리트'에서는 경량 기포 콘크리트의 최대 길이변화율을 0.3%(0.6 품 기준) 수준으로 제한하고 있다.

(6) 투수성

경량 기포 콘크리트의 투수성능은 밀도의 감소에 따라서 증가한다. 반면, 경량 기포 콘크리트가 외기에 직접 노출되는 경우, 기포로 이루어진 내부구조의 특성으로 동결융해에 대해서 우수한 저항성능을 갖는다.

(7) 열팽창계수

경량 기포 콘크리트의 열팽창계수는 9.0~12.6×10^{-6} m/m · ℃의 범위에 있다.

(8) 내화성능

무기질 재료로 구성된 경량 기포 콘크리트는 우수한 내화성능을 갖는다. 표 2.14에 ASTM E119를 만족하기 위한 경량 기포 콘크리트의 최소두께를 나타내었다.

표 2.14 ASTM E119 시험을 만족시키기 위한 경량 기포 콘크리트의 최소 두께(mm)

절건밀도 (kg/m^3)	내화 시간 (h)			
	2	3	4	5
400~480	72~84	55~72	84~97	97~107
800~960	84~89	72~79	99~104	112~117
1120~1280	97~107	79~87	112~122	124~132
1600	127	102	148	–

2.3.6 기포 콘크리트의 기계적 성질 국내 연구 사례

정지용(2011)은 국내에서 많이 사용하는 4가지 기포제의 농도 및 온도변화에 따른 기포 콘크리트의 기계적 물성에 대해 고찰하였다. 사용한 기포제는 합성 기포제인 AES(alcohol ethocxy sulfate)와 AOS(alpha olephfin sulfonate), 식물성 수지비누계인 VS(vegetable soap), 가수분해 단백질계인 FP(fe-protein)이었다. 기포제의 농도는 0.5~5%로 희석시켜 사용하였다. 선기포 방식을 사용한 배합에는 1종 포틀랜드 시멘트, 규사 미분말, 초속경 알루미나 시멘트, 소석회 및 무수석고(알루미나 시멘트의 교반 중 응결방지 목적으로 사용)를 사용하였으며, 나프탈렌계 고성능 감수제를 시멘트 질량대비 1% 사용하였다. 모든 결합재는 30초 동안 건비빔한 후 배합수를 첨가하여 저속에서 1분, 고속에서 1분간 혼합하여 슬러리를 제조하였다. 이후 미리 준비한 기포군을 추가하고 충분히 혼합하여 기포 콘크리트를 제조하였다. 그림 2.15에 기포제의 희석농도 및 절건밀도와 압축강도의 관계를, 그림 2.16에 절건밀도와 열전도율 관계를 각각 나타내었다. 그림 2.15에서 기포제 희석농도의 증가와 기포 콘크리트의 절건밀도의 감소에 따라 압축강도가 감소하는 것을 알 수 있다. 또한, 그림 2.16에서 기포 콘크리트의 절건밀도가 400 kg/m^3 이하인 경우, 열전도율은 약 0.1 W/m · K로 KS F 4039에서 규정하는 0.4품 기포 콘크리트의 열전도율인 0.13 W/m · K 이하를 만족하는 것으로 나타났다.

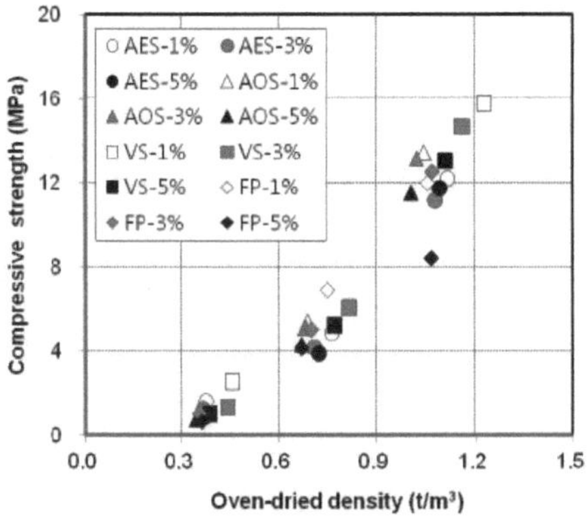

그림 2.15 기포제의 종류, 농도 및 기포 콘크리트 밀도와 압축강도 관계

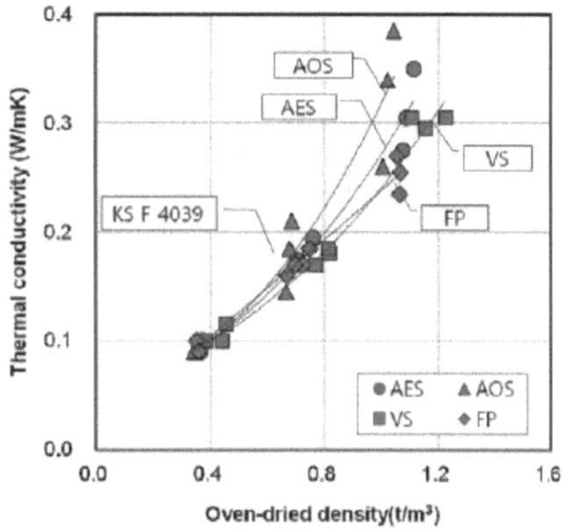

그림 2.16 기포제의 종류 및 기포 콘크리트 밀도와 열전도율 관계

2.4 경량 기포 콘크리트 국내 연구 사례

순환경제의 중요성이 강조되고 있는 현재, 천연자원 소비량과 이산화탄소 배출량이 타 산업 대비 상대적으로 높은 시멘트 산업은 환경부하 이슈에 대응하기 위한 전략적 대안으로서 각종 산업부산물을 효과적으로 활용하는 방안을 채택하고 있다. 이에 이 절에서는 기포 콘크리트에 산업부산물을 다량 활용한 국내 사례를 소개하여 지속가능한 친환경 다기능 건설 소재 활용에 기여할 수 있기를 기대한다.

2.4.1 되메우기용 친환경 경량 기포 콘크리트의 개발(황금광, 2014)

이 연구는 고로슬래그 미분말(blast furnace slag, BS), 순환골재 미분말(recycled aggregate powder, RP), 소각장 애시(incineration ash, IA) 등의 부산물을 재활용하여 0.4품(목표압축강

도 0.8 MPa)의 경량 기포 콘크리트를 건설공사 흙막이 벽의 되메우기 부분에 타설하기 위한 최적 결합재의 양 및 조성비의 결정과 기포 콘크리트 최적 배합 선정을 목표로 하였다.

연구결과, 결합재 중 OPC 20%와 BS+RP+WA의 최적조합을 선정하고, 플로, 침하깊이, 압축강도, 겉보기 밀도 등의 실험결과를 기반으로 기포 혼입률 65%인 되메우기용 경량 기포 콘크리트의 최적배합을 도출하였다. 연구결과는 지하 흙막이 벽 부분에 채움 콘크리트로 소비되는 양만큼 산업부산물 기반의 친환경 경량 기포 콘크리트로 대체하여 환경보호, 결로방지 및 경제성의 확보가 가능하다고 발표된 바 있다.

2.4.2 CSA계 바인더 기반기포 콘크리트의 지반 적용(우양이 등, 2020)

우양이 등이 발표한 논문에서는 시멘트의 사용량을 최소화하고 산업부산물의 활용을 극대화하여 도로의 보수 및 연약지반의 보강재로 사용하는 저강도 고유동 충전재(controled low strength material, CLSM)의 소재로서 선발포방식의 기포 콘크리트를 제조하였다. 기포의 분리 및 소포 없이 콘크리트를 시공하기 위해 CSA(calcium sulfure aluminate)계 바인더를 소량 적용하였다. 연구에 사용된 결합재는 국내의 철강 및 전력산업에서 발생되는 부산물로 결합재 대비 90% 이상 대체하여 사용하였다.

이를 기반으로 저강도·고유동 페이스트(AZ100)를 제조하였으며, 독립기포용 기포제를 이용하여 선발포된 기포군을 혼합하여 기포 콘크리트를 제작하였다. 실험의 주요 변수는 CSA 혼입량이며, 현장 타설용 기포 콘크리트의 다양한 요구 성능을 평가하였다.

실험결과 CSA 혼합에 따른 굳지 않은 기포 콘크리트의 실험결과를 표 2.15에 나타내었다. 현장타설 기포 콘크리트에서 가장 큰 문제점으로 지적되고 있는 기포의 소포에 따른 콘크리트의 침하문제는 CSA를 2.5% 이상 혼입함으로써 침하깊이를 0 mm로 개선시켜 체적의 안정성을 확보할 수 있었다.

표 2.15 CSA가 혼합된 굳지 않은 상태의 기포 콘크리트의 실험결과

실험 변인 / 바인더 종류	플로우 (mm)	기포 콘크리트 밀도 (kg/L)	페이스트 밀도 (kg/L)	매트릭스 비율 (%)	공극률 (%)	기포비 (paste vol.%)	침하 깊이 (mm)
OPC100	215	0.694	1.805	38.5	61.5	160.0	10
AZ100	195	1.061	1.700	62.4	37.6	60.2	12
CSA2.5	185	0.988	1.691	58.4	41.6	71.2	0
CSA5	175	1.111	1.700	65.4	34.6	53.0	0
CSA10	150	1.150	1.699	67.7	32.3	47.7	0

AZ100 : 기업내 저강도 · 고유동 기본 바인더 배합
CSA2.5 ~ CSA10 : AZ100 배합 바인더의 질량대비 CSA 대체 결합재

또한 경화된 기포 콘크리트의 공극구조를 분석한 결과, 그림 2.17에 나타낸 바와 같이 CSA를 첨가하면 응결이 촉진되어 기포 간의 결합이 적어 독립기포의 형상을 보이며, 기포의 사이즈가 작고 균일하게 분포하는 것으로 나타났다.

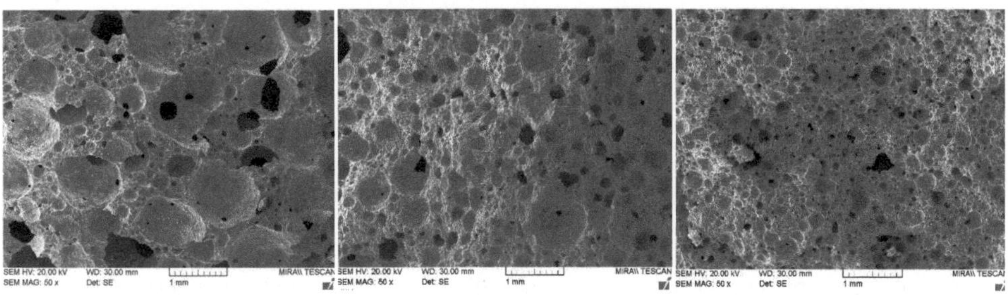

(a) OPC100 (b) AZ100 (c) CSA2.5

그림 2.17 SEM으로 촬영된 기포 콘크리트의 공극 구조(×50)

2.4.3 CA계 정련슬래그를 적용한 기포 콘크리트(최선미, 2021)

ALC 블록은 고단열 성능과 불연성 및 경량성이 우수하여 건축물에 사용되는 에너지의 절감이 가능하여 최근 관심 및 소비가 증가 추세에 있다. 하지만, ALC 블록은 천연원료를 사용하고, 고온 · 고압(180℃ 및 10기압)의 양생 공정에서의 다량의 에너지 소비와 탄소 배출 등의 문제점이 있는데, 특히, 1 m^3의 ALC 제조 시 양생공정에서 발생되는 탄소배출량은 0.168 CO_2 · ton.eq. 수준이라 보고된 바 있다(양근혁, 2014).

이에 국내에서는 김진만, 최선미 등은 속경성 결합재를 이용하여 선발포 방식으로

촉진양생 없이 ALC 블록을 대체할 수 있는 경량 기포 콘크리트 블록 제조에 대한 연구를 발표하였다. 기존의 속경성 결합재는 고가로서 적용이 어려웠지만, $C_{12}A_7$ 광물을 함유한 철강산업의 부산물과 전력산업의 부산물을 결합재 대비 90% 이상 활용하여 친환경성 및 재료의 가격경쟁력을 확보함으로써 기존 속경성 결합재를 사용한 경량 기포 콘크리트 블록과 차별성을 두었다.

연구결과, 촉진양생으로 양생 초기에 종국강도를 발현하는 ALC 블록과 달리 기건양생을 수행하는 시험체는 재령이 증가할수록 지속적으로 강도를 발현하였는데, 특히, 초기 재령에서도 촉진양생 없이 탈형이 가능한 강도가 발현되어 1일 제조 cycle의 증대가 가능한 것으로 확인되었다. 따라서 CA계 정련슬래그를 적용한 기포 콘크리트는 기존 ALC 블록의 제조 방식과 기존 ALC 방식과의 차별성은 표 2.16과 같이 나타낼 수 있다.

이 연구의 기포 콘크리트는 정련슬래그의 도입에 따른 빠른 초기 압축강도 발현성을 이용하여 촉진양생 없이 재령 1일에 KS의 0.5품 ALC의 절건밀도 및 강도 기준을 만족할 수 있었다. 또한, 원료 및 제조 공정에서 기존 ALC 블록 대비 탄소 배출의 저감이 가능함에 따라 국가 탄소중립 정책에 부합하는 친환경 기술이라 판단된다.

따라서 현재 재활용되지 못하고 매립되어지는 정련슬래그의 활용 기술은 고부가가치가 높으며, 시멘트 산업의 환경부하를 개선할 수 있고 자원순환 생태계 활성화에 크게 기여할 수 있는 기술로 판단된다.

다만, ALC 블록은 석회질 및 규산질 원료가 고온·고압 양생 과정에서 수열합성을 통하여 구조적으로 안정화된 판상 구조의 토버모라이트(tobermorite) 결정을 이루므로 높은 체적안정성을 갖지만 정련슬래그 기반 결합재는 속경성을 갖는 CA계 광물의 함량이 높아 양생 초기에 팽창성의 에트린자이트(ettringite) 생성을 유도하므로 조속한 강도발현을 유도함과 동시에 콘크리트 체적관리에 각별한 주의가 요구된다. 따라서 향후 정련슬래그의 적용에 대한 장기적인 연구 및 검토가 필요하다.

표 2.16 기존 ALC 블록과 CA계 정련슬래그를 적용한 기포 콘크리트 제조 방식의 차별성

	기존제품(ALC 블록)	정련슬래그 적용 기포 콘크리트
사용원료	천연원료 100% 및 고가의 Al 파우더	슬래그기반 재생원료 90%이상
제조방식	Al 파우더를 이용한 후발포 방식	기포제를 이용한 선발포 방식
양생방법	고온 · 고압(180℃, 10기압) 양생(8시간,340 kWh/m^3)	상온양생(20℃, 1기압), 2시간 후 탈형 (양생에너지 불필요)
제조시간	1일 2 cycle	1일 5 cycle 가능
CO_2배출	160(원료)+168(양생) kg · CO_2 · eq/m^3	18(원료)+ '0' (양생) kg · CO_2 · eq/m^3
기타	기포형상 제어 불가	독립(차음)/연속(흡음) 기포 제어 가능
	고온 · 고압 양생 후 강도발현 없음	장기 강도 발현율 높음
	낮은 거푸집 회전율과 증기양생과정에서의 거푸집 부식율 증대	높은 거푸집 회전율 및 증기양생 생략을 통한 부식률 저감

2.5 현장 타설 기포 콘크리트 관련 시방서 및 표준

이 절은 현장 타설 기포 콘크리트 관련 참고자료로서 한국토지주택공사가 시행하는 건설공사에 대한 전문시방서(2019.04.19. 개정) 중 '24010 경량 기포 콘크리트' 부분을 제시한다.

2.5.1 일반사항

(1) 적용범위

① 요약

이 시방서는 공동주택 발코니와 온돌층에 시공을 위하여 현장에서 제조되어 타설하는 비구조용 경량 기포 콘크리트 공사에 관하여 적용한다.

② 주요내용

가. 바탕준비

나. 배합 및 타설

다. 양생

(2) 관련 시방절

이 절의 공사에 관련된 사항 중 이 절에서 언급된 것 이외의 사항은 아래 절의 해당사항에 따른다.

- 23510 콘크리트

(3) 적용규준

다음 규준은 이 절에 명시되어 있는 범위 내에서 이 절의 일부를 구성하고 있는 것으로 본다.

① 한국산업표준(KS)

KS F 2459 기포 콘크리트의 겉보기 밀도, 함수율, 흡수율 및 압축 강도 시험 방법

KS F 4039 현장 타설용 기포 콘크리트

KS F 2560 콘크리트용 화학 혼화제

KS F 4916 시멘트 혼화용 폴리머

KS L 5405 플라이애시

KS L 5201 포틀랜드 시멘트

(4) 용어의 정의

① 기포제

"기포제"이라 함은 기포의 제조를 위한 약제로 식물성, 동물성 등이 있다.

② 기포 콘크리트의 구분

"기포 콘크리트"는 겉보기 비중에 따라 다음과 같이 구분한다.

가. 0.4품 : 0.30 이상 0.40 미만

나. 0.5품 : 0.40 이상 0.50 미만

다. 0.6품 : 0.50 이상 0.70 미만

(5) 제출물

다음 사항은 "11510 제출물 관리"에 따라 제출하여야 한다.

① 착공 전 제출물(SD-1)

가. 시공계획서

② 제품자료(SD-2)

가. 기포제 및 혼화재료

- 재료의 성분, 특성 등
- 제조업자의 생산현황, 기술자료, 사용지침서, 사용실적 등

③ 견본(SD-4)

가. 견본시공

④ 시험 보고서(SD-6)

가. 현장 품질관리 시험

(6) 품질보증

① 견본시공 : 공동주택 내에 감독자가 지정하는 위치 또는 견본주택에 각 평형별 1세대씩 견본시공을 하여야 하며, 시료를 채취하여 각 시험항목별 현장 품질시험을 1회 이상 실시하여야 한다.

(7) 운반, 보관 및 취급

① 기포제, 혼화재료 : 기포제와 혼화재료의 운반, 보관 및 취급 방법은 승인된 제조업자의 제품자료에 따른다.

② 시멘트 : 시멘트의 운반, 보관 및 취급 방법은 "23510 콘크리트"에 따른다.

(8) 환경조건 : 경량 기포 콘크리트는 시공부위의 주위 기온이 5℃ 이상일 때 시공한다.

2.5.2 자재

(1) 재료

① 시멘트는 KS L 5201의 보통포틀랜드 시멘트에 적합한 제품이어야 한다.

② 골재는 "22510 공사용 골재"의 해당사항에 따라야 한다.

③ 기포제

가. 당해 기포제로 제조한 경량 기포 콘크리트가 성능기준에 적합한 제품이어

야 한다.

나. 기포제는 pH 6~8이어야 하며, 배관재를 부식시키는 성분이 포함되지 않아야한다.

다. 기포제 원액에 물을 희석하여 고압력 압축기를 이용, 제조된 기포는 시멘트 슬러리와 충분히 혼합하여 콘크리트 내에 균일하게 분포되어야 하고 기포가 일부에 몰리거나 파괴되지 않아야 한다.

④ 물은 품질에 영향을 주는 기름, 산, 유기 불순물이 함유되지 않은 정수를 사용하여야 한다.

⑤ 혼화재료는 제품의 개량, 개선을 위하여 KS F 2560, KS F 4916, KS L 5405 등을 사용할 수 있으며, 콘크리트의 경화와 품질에 영향을 미치지 않는 재료로서 당해 혼화재료로 제조한 경량 기포 콘크리트가 성능기준에 적합한 제품이어야 한다.

⑥ 경량 충전재는 제품의 경량화 및 개선을 위하여 발포 스티렌 비드 및 섬유류 등 콘크리트의 경화와 품질에 영향을 주지 않는 재료이어야 한다.

(2) 품질기준

① 굳지 않은 기포 콘크리트(이하 "기포 슬러리"라 한다)의 품질기준은 표 2.17과 같다.

표 2.17 굳지 않은 기포 콘크리트 품질기준

구분	기포 슬러리의 비중	플로값 (mm)	침하깊이 (mm)
0.4품	0.39 이상	180 이상	15 이하
0.5품	0.52 이상		10 이하
0.6품	0.72 이상		6 이하

② 양생된 기포 콘크리트의 품질기준은 표 2.18과 같다.

표 2.18 양생된 기포 콘크리트의 품질기준

구분	겉보기 비중	압축강도 (MPa)		열 전도율 (W/(m·K))	길이 변화율 (%)
		7일	28일		
0.4품	0.30 이상 0.40 미만	0.5 이상	0.8 이상	0.130 이하	0.50 이하
0.5품	0.40 이상 0.50 미만	0.9 이상	1.4 이상	0.160 이하	0.40 이하
0.6품	0.50 이상 0.70 미만	1.5 이상	2.0 이상	0.190 이하	0.30 이하

③ 온돌 채움층용 및 발코니용 경량 기포 콘크리트의 7일 압축강도는 0.9 MPa 이상, 28일 압축강도는 1.4 MPa 이상이어야 한다.

④ 양생에 따른 균열, 처짐 등의 수축변형으로 구조체에 영향이 없어야 하며, 유해물질이나 유해가스 발생이 없어야 한다.

(3) 제조

① 콘크리트 내부의 독립된 기포는 상·하부의 차이가 없이 고르게 분포하여야 하며, 하부에 시멘트 등의 재료 분리가 없도록 제조하여야 한다.

2.5.3 시공

(1) 작업준비

① 수급인은 작업 착수 15일 전에 다음 각 호의 사항을 포함하는 시공계획서를 작성하여 감독자의 승인을 받아야 한다.

가. "11010 공사일반 1.16 시공계획서 작성"에 명시된 내용

나. 사용장비 및 작업인원 구성에 관한 계획

다. 경량 기포 콘크리트의 자재 공급 및 펌핑 계획

② 바탕을 깨끗이 청소하고 주변 벽체에 경량 기포 콘크리트 타설 높이를 먹매김하여 표시한다.

(2) 배합 및 타설

① 장비

가. 혼합장비는 품질 확보를 위하여 원료를 일정하게 투입할 수 있는 정량 펌프 등의 시스템이 장착되어 있어야 하며, 정량 투입 여부를 확인하기 위한 유량계 및 유압계 등의 장치가 부착되어 있어야 한다.

나. 압송펌프는 고층부의 시공에 충분한 펌프용량을 갖추어야 한다.

② 배합

가. 기포제 제조업자의 제품자료에 따라 소요 경량 기포 콘크리트 성능이 될 수 있도록 배합한다.

나. 혼화재료를 사용할 경우, 승인된 제조업자의 제품자료에 따라 일정한 배합이 확보될 수 있는 공장 배합재료를 사용하거나, 현장혼합의 경우 정량 투입이 가능한 장치를 갖춘 배합장비를 사용하여야 한다.

③ 타설

가. 배합된 경량 기포 콘크리트는 1시간 이내에 시공하여야 한다.

나. 경량 기포 콘크리트 타설 마감면은 소요 높이에 맞추어 평활하게 고르기를 한다.

(3) 양생

① 경량 기포 콘크리트 타설 후 기온이 저하 될 경우 동해를 입지 않도록 보양한다.

② 경량 기포 콘크리트 타설 후 3일간은 충격이나 하중을 가해서는 안 되고 상부 마감재 시공은 경량 기포 콘크리트가 완전히 양생된 이후에 하여야 한다.

(4) 현장 품질관리

① 시험

표 2.19 현장품질관리용 시험

<table>
<tr><th>구분</th><th>시험종목</th><th>시험방법</th><th>시험빈도</th><th>비고</th></tr>
<tr><td rowspan="7">경량 기포
콘크리트</td><td>플로우, 기포 슬러리비중</td><td>KS F 4039
(시료량 각 3개)</td><td rowspan="2">• 견본시공시 : 1회
• 본시공시 : 1일 2회</td><td rowspan="4">현장시험</td></tr>
<tr><td>기포율</td><td>3.4.3에 따름</td></tr>
<tr><td>침하깊이</td><td>KS F 4039</td><td rowspan="2">• 견본시공시 : 1회
• 본시공시 : 1일 1회</td></tr>
<tr><td>압축강도(7일, 28일)</td><td>KS F 2459</td></tr>
<tr><td>겉보기 비중</td><td>KS F 2459</td><td rowspan="2">• 1회/5,000㎡</td><td rowspan="3"></td></tr>
<tr><td>열전도율</td><td>KS F 4039</td></tr>
<tr><td>길이변화율</td><td>KS F 2460</td><td>• 제조업체별</td></tr>
<tr><td>경량 기포
콘크리트
기포제</td><td>PH</td><td>3.4.3에 따름</td><td>• 견본시공시 : 1회
• 본시공시 : 1일 1회</td><td>현장</td></tr>
</table>

② 시료채취 : 믹서에서 제조된 기포 슬러리는 펌프로 이송됨에 따라 기포량이 감소하므로, 시료의 채취나 공시체의 제작은 타설 지점의 압송호스 배출구에서 채취한다.

③ 검사

가. 플로우 : 플로우 시험은 KS F 4039에 준하며 3개 모두 표-1의 규정에 적합했을 때 그 로트를 합격한 것으로 본다.

나. 기포율 : 기포율 시험은 경량 기포 콘크리트를 물로 희석한 후 알콜을 사용하여 소포시켜 체적의 변화를 구하는 소포법에 의하며 "별표 1 현장 타설용 기포 콘크리트의 기포율 시험방법"에 의한 측정값이 목표값 ±5% 이내이어야 한다.

다. 기포 슬러리 비중 : 기포 슬러리 비중 시험은 KS F 4039에 준하며, 3개의 시험 결과 평균값이 표-1의 규정에 적합했을 때 그 로트를 합격한 것으로 본다.

라. 압축 강도 : 압축 강도 검사는 재령 7일과 28일 강도에서 5개 모두 표-2의

규정에 적합했을 때 그 제품을 합격한 것으로 본다.

마. pH 시험 : 기포제는 매 시공 일마다 시험용 pH 시험지를 이용하여 pH 값을 1회 이상 측정하여야 한다.

바. 침하깊이, 열전도율 시험은 KS F 4039에 준하며 표-1 및 표-2의 규정에 적합했을 때 합격한 것으로 본다.

사. 겉보기 비중, 길이변화율 시험은 KS F 2459, KS F 2460에 준하며 표-2의 규정에 적합했을 때 합격한 것으로 본다.

2.5.4 현장 타설용 기포 콘크리트의 기포율 시험방법(2.5 시방서의 별표 1)

(1) 적용범위

① 이 규격은 현장에서 제조 및 타설되는 비구조용 기포 콘크리트(이하 "기포 콘크리트"라 한다)의 품질관리를 위한 기포율 시험방법에 대하여 규정하여야 한다.

② 이 시험방법은 굳지 않은 상태의 기포 콘크리트 시료에 대하여 적용하며, 혼화재료로써 분말이나 액상이 아닌 경량 충전재를 사용하는 경우에는 제외하여야 한다.

(2) 관련규격

① KS F 2459-02 기포 콘크리트의 겉보기 밀도, 함수율, 흡수율 및 압축 강도 시험 방법

(3) 시험용 기구 및 재료

① 메스실린더 : 500 mL 크기의 용기로 눈금이 10 mL 간격으로 표시된 제품 1개와 200 mL 용기로 눈금이 5 mL 간격으로 표시된 제품 2개

② 메탄올(알코올)

③ 물 : 음용수가 가능한 수돗물

④ 유리 또는 플라스틱 막대 : 메스실린더 내부의 시료를 저어주는 데 적합한 크기와 형태를 갖춘 막대

(4) 시험방법

① 시료는 기포 콘크리트 타설 장소에서 배관으로부터 토출되는 시료를 채취하여야 한다.

② 현장에서 채취한 시료를 메스실린더(500 mL 용기)에 200 mL까지 채우고 별도의 용기에 계량한 물 200 mL를 더한 다음 플라스틱 또는 유리봉으로 1분간 저어서 배합된 시료로부터 기포를 분리시켜야 한다.

③ 시료를 충분히 저어 기포가 표면에 올라오면 여기에 알코올 100 mL를 더하여 다시 1분간 저어서 표면에 올라온 기포를 완전히 소포시킨 후 메스실린더에 눈금을 5 mL 단위까지 읽어 소포 후의 체적을 측정하여야 한다.

(5) 계 산

① 기포율은 다음 식에 의하여 산출하여야 한다.

$$Fm = \frac{C_b - C_a}{w} \times 100 \qquad (1)$$

여기에서

Fm : 기포율(%)

C_b : 소포 전 체적(500 mL)

C_a : 소포 후 체적(mL)

w : 시료량(200 mL)

그림 2.18 기포율 측정 시험방법

② 기포율 시험은 동일 위치에서 채취한 시료에 대하여 2회를 실시하며 그 평균값을 취하고, 정수로 끝맺음하여야 한다.

③ 목표값은 견본 시공 시 시험한 결과 또는 제조업자가 제시하는 제품자료에 따른다.

2.6 현장 타설 기포 콘크리트 시험 방법 상세

이 절은 현장 타설 기포 콘크리트 관련 참고자료로서 현장 타설 기포 콘크리트의 물성평가 실험을 위한 KS 시험방법을 제시한다.

2.6.1 KS F 2459, 기포 콘크리트의 겉보기 밀도, 함수율, 흡수율 및 압축강도 시험방법

(1) 적용 범위

이 표준은 상압 양생한 기포 콘크리트(이하, 기포 콘크리트라 한다)의 겉보기 미로, 함수율, 흡수율 및 압축강도 시험방법에 대하여 규정한다.

또한, 고압 양생한 기포 콘크리트에 대하여는 KS F 4914에 따른다.

기포 콘크리트[1)]란 시멘트 페이스트 중에 미세한 기포[2)]를 시멘트 페이스트에 대한 용적비로 25% 이상 균등하게 포함되도록 만든 것으로, 아래 (7)의 ②에 따라 구한 겉보기 밀도가 1.2 이하인 상압 양생한 것을 말한다.

(2) 인용표준

KS F 2403, 콘크리트의 강도 시험용 공시체 제작 방법

KS F 2308, 흙 밀도 시험방법

KS F 4914, 경량 기포 콘크리트 패널(ALC 패널)

---

1) 기포 콘크리트의 범위는 골재를 혼합한 것도 포함한다.

2) 시멘트 페이스트에 발포제 또는 기포제를 혼합하거나 혹은 미리 준비한 안정된 기포를 사용하여 만든다.

(3) 공시체의 치수 및 개수

공시체는 지름 10 mm, 높이 20 mm의 원기둥형으로 한다. 다만 필요에 따라서 지름 150 mm, 높이 300 mm,의 원기둥형으로 해도 좋다. 동일 조건의 시험에 대한 공시체의 수는 3개 이상으로 한다.

(4) 시험기구

몰드의 품질 및 치수 정밀도는 KS F 2403의 4.2.1~4.2.3의 규정에 따른다.

몰드의 이음부에 기름흙, 그리스 등을 얇게 발라 물이 새지 않도록 하고, 몰드의 안쪽 면에는 광물성 기름을 칠하여 기름을 칠하여 기포 콘크리트를 경화 후 쉽게 떼어 낼 수 있도록 한다.

(5) 공시체의 제조

① 제작 : 기포 콘크리트는 경화 후에 몰드의 높이보다 약간 높아지는[3] 정도로 제작한다. 이때 기포 콘크리트 중에 큰 공극이 남거나 분리가 일어나지 않도록 하여야 한다.

② 양생 : 기포 콘크리트는 몰드에 채운 후 직사광선을 피하고, 수분의 증발을 막아 실제 시공과 유사한 상태에서 양생한다. 공시체의 윗부분을 공시체가 손상하지 않도록 적당한 시기에 윗면이 평평하도록 깎아 낸다. 깎아 내는 시기는 공시체 제작 후 24시간 내외가 좋다.

③ 탈형 : 몰드는 기포 콘크리트를 떼어 내는 데 지장이 없을 정도로 경화한 후 가능한 한 빨리 떼어 낸다. 몰드를 떼어 내는 시기는 공시체 제작 후 하절기는 48시간 내외, 동절기는 72시간 내외가 좋다.

④ 캐핑 : 압축 강도 시험용 공시체에 필요에 따라 캐핑을 하는 경우에는 탈형 전 또는 강도 시험 약 3시간 전에 KS F 2403의 4.4에 따라서 수행한다.

(6) 공시체의 양생 및 재령

① 양생 : 겉보기 밀도 및 흡수율을 측정하기 위한 공시체는 몰드를 떼어 낸 후 물 속에서 양생한다. 이때, 공시체의 전체면이 물에 잠기도록 한다.

압축강도를 시험하기 위한 공시체는 몰드를 떼어 내고, 시험 직전까지 포화 습기

---

3) 몰드 속에서 발포 팽창하는 기포 콘크리트의 경우 그 정상부가 몰드의 윗면보다 약 20 mm 정도 높게 하고, 또한 몰드 속에서 발포 팽창하지 않는 기포 콘크리트는 약 10 mm 정도 높게 한다.

상태 또는 용적이 공시체 체적의 약 2배인 비닐 주머니, 폴리에틸렌 주머니 등의 밀폐된 주머니 속에서 양생한다. 다만 시험 직전에 캐핑하는 경우의 양생은 시험 전 약 3시간까지로 한다. 양생중의 온도는 원칙적으로 (20±2)℃로 한다.

② 재령 : 시험 시 공시체의 재령은 28일로 한다. 다만 압축 강도 시험의 경우에는 필요에 따라 재령 7일 또는 재령 91일로 할 수 있다.

(7) 시험

① 시험기구 : 저울은 1 g까지 계량할 수 있는 것을 사용한다.

② 겉보기 밀도 : 겉보기 밀도는 절대 건조 겉보기 밀도로 표시하고 다음에 따라 구한다.

ⓐ (6)의 양생이 끝난 공시체를 (105±5)℃ 중에서 일정 질량이 될 때까지 건조하고, 데시케이터 내에서 실온이 될 때까지 냉각하였을 때의 질량 Wo (g)를 측정한다.

ⓑ 절대 건조 겉보기 밀도는 다음 식에 따라 소수점 이하 둘째 자리까지 계산하고, 평균값으로 나타낸다.

$$\text{절대 건조 겉보기 밀도} = \frac{Wo}{V} \qquad (1)$$

여기에서

Wo : 공시체 질량(g)

V : 공시체 체적(cm^3)

다만 V는 공시체의 체적으로, 그 체적은 원칙적으로 실제 측정값으로 한다.

③ 함수율

함수율은 용적 백분율로 표시하고, 다음에 따라 구한다.

ⓐ 공시체의 질량을 측정하고 이것을 W_1(g)로 한다.

ⓑ 다음에 ⓐ의 조작에 의해 W_0(g)를 측정한다.

ⓒ 함수율은 다음 식에 따라 1%까지 계산하고, 평균값으로 나타낸다.

$$\text{함수율(\%)} = \frac{W_1 - W_0}{W_1} \times 100 \qquad (2)$$

여기에서

W_0 : 공시체 질량(g)

W_1 : 건조 전 공시체 질량(g)

V : 공시체 체적(cm^3)

다만 V는 공시체의 체적으로, 그 체적은 원칙적으로 실체 측정값으로 한다.

④ 흡수율

흡수율은 (6)에 나타낸 양생이 끝난 직후의 함수율로 나타낸다.

⑤ 압축강도

압축강도는 다음에 따라 구한다.

ⓐ 공시체는 시험기의 가압판 위에 기포 콘크리트를 친 방향을 가압 방향으로 하여 한쪽 물림이 일어나지 않도록 한다.

ⓑ 시험기의 한쪽 가압판은 구접면을 가진 것으로 한다.

ⓒ 시험기의 가압판과 공시체의 끝면은 직접 밀착시키고, 그 사이에 완충제를 넣어서는 안된다.

ⓓ 하중은 공시체가 충격을 받지 않도록 고르게 가해야 한다. 하중 속도는 원칙적으로 매초 0.1 ～ 0.2 MPa로 한다.

ⓔ 압축 강도는 공시체가 파괴되었을 때 시험기가 표시하는 최대 하중(N)을 공시체의 단면적(mm^2)[4]으로 나눈 값으로 하고, 평균값으로 나타낸다.

(8) 보고

보고에는 다음 사항을 기재한다.

① 공시체의 기호

② 공시체의 치수 및 모양

③ 양생 조건 및 시험 시의 온도, 습도

④ 각 공시체의 시험 결과 및 평균값

---

4) 압축강도의 계산에 사용하는 공시체의 단면적은 지름 100 mm인 것에서는 7,850 mm^2, 지름 150 mm인 것에서는 17,663 mm^2로 한다.

또한, 압축강도에 대해서는 재령, 캐핑의 유무 및 공시체의 파괴 상황을 명기한다.

2.6.2 KS F 2460, 기포 콘크리트의 길이 변화 시험방법

(1) 적용범위

이 표준은 상압 양생한 기포 콘크리트[5]의 길이 변화 시험방법에 대하여 규정한다. 고압에서 양생된 기포 콘크리트에 대해서는 KS F 2701에 따른다.

(2) 인용표준

KS F 2424, 모르타르 및 콘크리트의 길이 변화 시험방법

KS F 2459, 기포 콘크리트의 겉보기 밀도, 함수율, 흡수율 및 압축 강도 시험방법

KS F 2701, 경량 기포 콘크리트 블록(ALC 블록)

(3) 시험용 기구

시험용 기구는 KS F 2424의 4절을 따른다.

(4) 공시체의 치수 및 개수

공시체의 치수는 KS F 2424의 5.1에서 규정된 것과 같이 원칙적으로 모르타르인 경우 40 mm × 40 mm × 160 mm, 콘크리트의 경우 너비는 높이와 같이 하되, 굵은 골재의 최대 치수의 3배 이상이며, 길이는 너비 또는 높이의 3.5배 이상으로 한다. 굵은 골재의 최대 치수가 25 mm 이하인 경우는 원칙적으로 100 mm × 100 mm × 400 mm(또는 500 mm)로 한다.

공시체의 개수는 동일 조건의 시험에 대해 3개 이상으로 한다.

(5) 공시체의 제작, 양생, 탈형 및 보존

① 제작 : 공시체 제작 몰드의 이음부는 누수를 막기 위하여 기름이나 그리스를 얇게 끼워 붙이고, 몰드 안쪽에는 광물성 기름을 칠하여 조립한다. 공시체는 굳은 후의 높이가 몰드의 높이보다 약간 높게 되도록 제작한다. 이때 시료 속

5) 기포 콘크리트는 시멘트 페이스트 중에 미세한 기포가 시멘트 페이스트에 대한 용적비로 25% 이상 균등하게 포함되도록 만든 것으로서, 겉보기 밀도가 1,200kg/m^3 이하로 상압 양생된 콘크리트를 말한다.

에 커다란 공극이 생기지 않도록 해야 한다.

② 양생 및 탈형 : 몰드에 넣은 시료는 수분의 발산을 방지한 상태로 실내 온도 (20±3)℃에서 양생한다. 몰드보다 높은 부분은 적당한 시기에 갈아내어 공시체의 상면이 매끄럽게 되도록 한다. 그 깎아내는 시기는 성형 후 24시간 이후가 좋으며, 탈형은 성형 후 48시간 이후가 좋다.

③ 공시체의 보존 : 보존 기간 중, 공시체는 젖빛 유리 또는 게이지 플러그를 손상시키지 않도록 하며, 동일한 환경 조건에 공시체를 보존하기 위하여, 각 공시체의 주변은 모르타르의 경우 10 mm 이상, 콘크리트의 경우 약 25 mm 이상의 간격을 두어야 한다. 각 공시체를 지지하는 곳의 위치는 공시체를 두 곳에서 지지하였을 때, 공시체의 자중에 의해 공시체에 생기는 정부의 최대 휨 모멘트가 거의 동등하도록 한다.[6)]

(6) 젖빛 유리 또는 게이지 플러그의 부착 방법

KS F 2424의 7절에 따라 젖빛 유리 또는 게이지 플러그를 부착한다.

(7) 기준 길이

① 미리 정한 표선 또는 표점 간의 거리를 기준 길이라고 한다. 다이얼 게이지 방법의 경우는 게이지 플러그의 안측 끝면 간의 거리를 기준 길이로 한다.

② 기준 길이는 측정기의 측정 범위, 표준자의 길이(콤퍼레이터 방법의 경우는 표준자에 표시된 표점간의 거리), 콤퍼레이터 또는 다이얼 게이지의 최소 눈금, 굵은 골재의 최대 치수 및 (7)목의 규정을 종합적으로 고려해서 정한다.

③ 콘크리트 공시체의 경우, 기준 길이는 굵은 골재 최대 치수의 4배 이상으로 한다.

④ 기준 길이는 콤퍼레이터 또는 다이얼 게이지의 최소 눈금이 0.001 mm인 경우 100 mm[7)] 이상, 최소 눈금이 0.01 mm의 경우 200 mm[8)] 이상으로 한다.

---

6) 모르타르 공시체의 경우는 공시체의 양 끝에서 약 30 mm, 콘크리트 공시체의 경우는 양 끝에서 약 80 mm로 한다.

7) 최소 눈금이 길이 변화율로서 0.001% 이하에 상당한다.

8) 최소 눈금이 길이 변화율로서 0.005% 이하에 상당한다.

(8) 길이 측정 방법

측정기, 표준자 및 공시체는 측정 3시간 전에 시험마다 정해진 온도로 유지해 놓아야 한다. 특별히 정해진 온도가 없을 경우는 (20±3)℃를 유지한다. 길이 측정에 앞서 젓빛 유리 또는 게이지 플러그를 깨끗이 닦고, 각각의 측정 방법과 같이 길이를 측정한다.

① 콤퍼레이터 방법은 KS F 2424의 8.3을 따른다.
② 콘택트 게이지 방법은 KS F 2424의 8.4를 따른다.
③ 다이얼 게이지 방법은 KS F 2424의 8.5를 따른다.

(9) 길이 변화율

길이 변화율은 다음 식으로 계산하되, 소수점 이하 둘째 자리까지의 숫자로 나타낸다. 최종 결과는 3개 공시체의 평균값으로 나타낸다.

$$\text{길이변화율(\%)} = \frac{(x_{01}-x_{02})-(x_{i1}-x_{i2})}{L_0}\times 100 \quad (3)$$

여기에서

x_{01}, x_{02} : 각각 기준으로 한 시점에서의 측정값(mm)
x_{i1}, x_{i2} : 각각 시점 i에서의 측정값(mm)
L_0 : 기준 길이(mm)

(10) 보고

시험 결과의 보고에는 다음 사항을 기재한다.

① 공시체의 기호 또는 종류, 명칭
② 공시체의 치수
③ 길이 변화율
④ 측정 재령
⑤ 보관 온도
⑥ 길이 변화율을 구했을 때 공시체의 평균 함수율[9)]

9) KS F 2459의 7.4(위 (7)목 ④)에 따라 구한다.

⑦ 공시체 표면에 균열 등의 이상이 생겼을 때는 그 상태 명기

2.6.3 KS F 4039, 현장 타설용 기포 콘크리트

(1) 적용범위

이 표준은 현장에서 제조되어 타설되는 비구조용 기포 콘크리트(이하 기포 콘크리트라 한다.)의 품질과 시험에 대하여 규정한다. 이 표준에서 기포 콘크리트[10)]란 미세한 기포를 시멘트 페이스트에 고르게 분포하도록 만든 것으로 겉보기 밀도[11)]가 0.7 미만으로 상압 양생한 콘크리트를 말한다.

(2) 인용표준

KS F 2459, 기포 콘크리트의 겉보기 밀도, 함수율, 흡수율 및 압축 강도 시험 방법
KS F 2460, 기포 콘크리트의 길이 변화 시험 방법
KS F 2527, 콘크리트용 골재
KS F 2560, 콘크리트용 화학 혼화제
KS F 4009, 레디믹스트 콘크리트
KS F 4916, 시멘트 혼화용 폴리머
KS L 5201, 포틀랜드 시멘트
KS L 5210, 고로 슬래그 시멘트
KS L 5211, 플라이 애시 시멘트
KS L 5401, 포졸란 시멘트
KS L 5405, 플라이 애시
KS L 9016, 보온재의 열전도율 측정 방법

(3) 종류

기포 콘크리트는 겉보기 밀도에 따라 다음과 같이 구분한다.

① 0.4품 : 0.30 이상 0.40 미만

---

10) 기포 콘크리트에는 골재 또는 경량 충전재를 포함하는 것도 있으며 기포는 시멘트 또는 시멘트 페이스트에 기포제 또는 발포제를 미리 혼합하거나 또는 미리 마련해 놓은 안정된 포말을 혼합해서 만든다.

11) 겉보기 밀도는 KS F 2459의 7.2(앞의 (7)목 ②)에 따라 구한 절대 건조 겉보기 밀도를 말한다.

② 0.5품 : 0.40 이상 0.50 미만

③ 0.6품 : 0.50 이상 0.70 미만

(4) 품질

① 굳지않은 기포 콘크리트(이하 기포 슬러리라 한다.)는 (7)에 따라 시험하고 표 2.20의 규정에 적합하여야 한다.

표 2.20 굳지 않은 기포 콘크리트의 품질 규정

구분	기포 슬러리의 밀도	플로값 (mm)	침하 깊이 (mm)
0.4품	0.39 이상	180 이상	15 이하
0.5품	0.52 이상		10 이하
0.6품	0.72 이상		6 이하

② 양생된 기포 콘크리트는 (7)에 따라 시험하고 표 2.21의 규정에 적합하여야 한다.

표 2.21 양생된 기포 콘크리트의 품질 규정

구분	겉보기 밀도	압축 강도(MPa)		열 전도율 W/(m · K)	길이 변화율 (%)
		7일	28일		
0.4품	0.30 이상 0.40 미만	0.5 이상	0.8 이상	0.130 이하	0.50 이하
0.5품	0.40 이상 0.50 미만	0.9 이상	1.4 이상	0.160 이하	0.40 이하
0.6품	0.50 이상 0.70 미만	1.5 이상	2.0 이상	0.190 이하	0.30 이하

(5) 재료

기포 콘크리트는 시멘트 또는 시멘트 및 골재를 주원료로 하여 기포제, 혼화 재료 및 경량 충전재 등으로 구성된다.

① 시멘트 : 시멘트는 다음 중 규격에 적합한 것 또는 이와 동등 이상의 것을 사용한다.

- KS L 5201, KS L 5210, KS L 5211, KS L 5401

② 골재 : 골재는 KS F 2527에 규정하는 것으로 강 모래, 바다 모래, 규사 또는

그 혼합물을 사용할 수 있으며 결합재와 혼합하여 사용할 경우 경화 불량 등 나쁜 영향을 주지 않아야 한다.

③ 기포제 : 제조자가 제시한 기포기를 이용해서 발포시켰을 때 일정한 기포군이 발생되어야 하며 콘크리트의 경화 불량 및 금속의 부식에 영향을 주지 않아야 한다.

④ 물 : 물은 KS F 4009의 3.3에 적합한 것을 사용한다.

⑤ 혼화 재료 : 제품의 개량 및 개선을 위하여 플라이 애시, 콘크리트용 화학 혼화제 및 시멘트 혼화용 폴리머 등을 사용 할 수 있으며 다음 규격에 적합한 것을 사용한다.

- KS F 2560, KS F 4916, KS L 5405

⑥ 경량 충전재 : 제품의 경량화 및 개선을 위하여 발포 폴리스티렌 비드 및 섬유류 등 콘크리트의 경화와 품질에 영향을 주지 않는 원료를 사용할 수 있다.

(6) 제조

콘크리트 내부의 독립된 기포는 상·하부의 차이가 없이 고르게 분포하여야 하며 하부의 시멘트 등의 재료 분리가 없도록 제조한다.

(7) 시험

① 기포 슬러리의 밀도 측정

ⓐ 질량의 측정은 별도로 제작된 1,000 mL 용기에 채취된 슬러리를 상부까지 붓고 남은 윗부분은 수평하게 제거한 후 용기 질량을 뺀 시료의 질량(W_s)을 측정한다. 이 경우 질량 측정은 1g까지 계량할 수 있는 저울을 사용한다.

ⓑ 기포 슬러리의 밀도는 다음 식 (1)에 따라 구한다.

$$\text{기포 슬러리의 밀도} = \frac{W_s}{1,000} \qquad (4)$$

여기에서

W_s : 용기 중량을 뺀 시료의 질량

1,000 : 용기의 체적

② 플로값

ⓐ 크기 350 mm × 350 mm 유리판 위에 안지름 80 mm, 높이 80 mm인 아크릴 원통을 세운 후 채취된 슬러리를 상부까지 붓고 남은 윗부분은 수평하게 제거한다.

ⓑ 원통을 살며시 들어올려 1분 후에 시료가 퍼진 4방향에 대해 등간격으로 측정하여 평균값을 구한다. 이 경우 치수 측정은 1 mm까지 측정할 수 있는 측정기를 사용한다.

③ 침하 깊이

ⓐ 안지름이 약 145 mm이고 높이가 300 mm인 투명 아크릴 용기에 시료를 상부까지 붓고 위에 남은 윗부분은 수평하게 제거한다. 이때의 시각을 측정하여 2시간 후의 상부 침하 깊이의 최대값을 1 mm 단위까지 측정한다. 이 경우 시료를 채운 후에 용기를 움직이면 기포 콘크리트가 진동에 의해 침하가 촉진되므로 측정시까지 반드시 정치시켜야 한다.

ⓑ 시료에 따라서 상부의 침하와 함께 바닥면부터 배합수와 시멘트가 분리되어 침전하는 경우가 있는데 이 경우 분리된 재료 높이의 최대값과 최소값의 평균을 구해서 상부의 침하 깊이와 합산하여 침하 깊이로 한다.

④ 겉보기 밀도

겉보기 밀도의 시험방법은 KS F 2459의 7.2에 따라 시험한다.

⑤ 압축강도

압축강도의 시험방법은 KS F 2459의 7.5에 따라 시험한다.

⑥ 열전도율 시험

공시체의 치수는 300 mm × 300 mm로, 높이는 50 mm로 제작한다. 동일 조건의 시험에 대한 공시체의 수는 3개로 한다. 시험은 KS L 9016에 따라 평균 온도(21 ± 3)℃, 열류 방향을 위쪽으로 향하게 하여 표면 온도를 측정하는 경우의 열전도율을 구한다.

⑦ 길이 변화율

길이 변화율 시험 방법은 KS F 2460에 따라 시험한다.

(8) 검사

① 믹서에서 제조된 기포 슬러리는 펌프로 이송됨에 따라 기포량이 감소하므로, 시료의 채취나 공시체의 제작은 시공 위치에서 해야 한다.

② 기포 슬러리의 밀도와 플로값에 대한 검사는 품질의 편차를 줄이기 위하여 300 m^3당 1회 실시한다.

ⓐ 기포 슬러리의 밀도는 3개의 시험 결과 평균값이 표 1의 규정에 적합했을 때, 그 로트를 합격된 것으로 본다.

ⓑ 플로값은 3개 모두 표 2.22의 규정에 적합했을 때, 그 로트를 합격된 것으로 본다.

③ 침하 깊이, 겉보기 비중, 압축강도, 열전도율, 길이 변화율 등의 검사는 1,000 m^3당 1회, 새로운 배합설계, 설비 개조 또는 생산 조건이 변경되었을 때 하며 인수·인도 당사자 협의에 따라 증감할 수 있다. 합격 여부는 다음과 같이 하여 판정한다.

ⓐ 침하 깊이는 시험 결과 3개 모두 표 1의 규정에 적합했을 때 그 제품을 합격된 것으로 본다.

ⓑ 겉보기 비중, 열 전도율 검사는 3개의 시험 결과 평균값이 표 2의 규정에 적합했을 때 그 제품을 합격된 것으로 본다.

ⓒ 압축 강도 검사는 재령 7일과 28일 강도에서 3개 모두 표 2의 규정에 적합했을 때 그 제품을 합격된 것으로 본다.

ⓓ 길이 변화율 검사는 3개 모두 표 2의 규정에 적합했을 때, 그 제품을 합격된 것으로 본다.

④ 시료의 채취나 공시체의 제작은 시공위치에서 해야한다.

표 2.22 현장타설 기포 콘크리트의 검사 및 합격규격 비교

구분	검사 기준	합격 기준	비고
기포 슬러리 비중	300 m^3당 1회	3개 평균값 적합	KS F 4039
플로값		3개 모두 적합	
침하 깊이	1,000 m^3당 1회	3개 모두 적합	
겉보기 비중		3개 평균값 적합	KS F 2459
압축강도		3개 모두 적합	
열전도율		3개 평균값 적합	KS L 9016
길이 변화율		3개 모두 적합	KS F 2460

참고문헌

1) 양근혁 (2014). 고단열 · 고성능 그린 경량콘크리트(ICLC) 블록 개발, 중소기업청 산학연협력 기술개발사업, 연구보고서, 경기대학교 산학협력단.

2) 대한주택공사 주택도시연구소 연구보고서 (1999). 온돌 채움용 경량 기포 콘크리트의 품질관리방안 개선 연구.

3) 신상철 (2012). 기포제의 종류에 따른 경량 기포 콘크리트의 특성, 석사학위 논문, 공주대학교 대학원.

4) 우양이, 박근배, 마영, 송헌영 (2020). CSA를 사용한 친환경 지반보수용 현장 기포 콘크리트의 기초 특성 검토, 한국자원리싸이클링학회, 29(1): 53-61.

5) 정지용 (2011). 기포제의 종류 및 사용방법에 따른 기포 콘크리트의 특성, 박사학위 논문, 공주대학교 대학원.

6) 최선미, 김진만, 김범수, 신상철 (2021). 촉진양생없는 경량 기포 콘크리트 제조를 위한 정련슬래그의 적용 연구, 한국콘크리트학회 봄학술대회 발표논문, 33(1): 403-404.

7) 한국토지주택공사 건설공사 전문시방서 (2019.04.19. 개정), '24010 경량 기포 콘크리트' .

8) 황금광 (2014). 고로슬래그와 순환골재 미분말을 이용하는 되메우기용 친환경 경량 기포 콘크리트의 개발, 석사학위 논문, 청주대학교.

9) KS F ISO 10140 (2021). 건물 부재의 차음 성능 실험실 측정방법 1-5, 한국표준협회

10) KS F 2459 (2017). 기포 콘크리트의 겉보기 밀도, 함수율, 흡수율 및 압축강도 시험 방법, 한국표준협회

11) KS F 2460 (2017). 기포 콘크리트의 길이 변화 시험 방법, 한국표준협회

12) KS F 2527 (2020). 콘크리트용 골재, 한국표준협회

13) KS F 4039 (2019). 현장 타설용 기포 콘크리트, 한국표준협회

14) ACI 523.1R-05, Guide for cast-in-place low-density cellular concrete, American Concrete Institute, Detroit, MI, USA.

15) ACI 523.2R-96, Guide for precast Cellular Concrete Floor, Roof, and Wall units, American Concrete Institute, Detroit, MI, USA.

16) ACI 523.3R-14, Guide for cellular concretes above 50 lb/ft^3(800 gm/cm^3), American Concrete Institute, Detroit, MI, USA.

17) ASTM C332-17, Standard specification for lightweight aggregates for insulating concrete, West Conshohocken, PA, USA.

18) ASTM E119-19, Standard test methods for fire tests of building construction and materials, West

Conshohocken, PA, USA.

19) G.C Hoff, A Bilodeau, V.K.R Kodur (2004). Optimization of the type and amount of polypropylene fibres for preventing the spalling of light weight concrete subjected to hydrocarbon fire, Cement and Concrete Composites, 26(2): 163-174.

20) Jin L., Chen S., Zhao Y., Zeng Q., Huang Z., Li M. (2021). Characterizing the foam-shell microstructure of industrial ultra-light foamed concrete cast under different temperatures, Materials Characterization, 173: 110938.

21) Kim H. K., Jeon J. H., Lee H. K. (2012). Workability, and mechanical, acoustical and thermal properties of lightweight aggregate concrete with a high volume of entrained air, Construction and Building Materials, 29: 193-200.

22) Kwon S., Nishiwaki T., Kikuta T, Mihashi H. (2015). Material design methods for lightweight cement-based composites and its application, Journal of Advanced Concrete Technology, 13(3): 178-186.

23) Mindess S., Young J. F., Darwin D. (2003). Concrete, 2nd ed., Pearson.

24) PCA (2011). Design and Control of Concrete Mixtures, 15th ed., Portland Cement Association, Skokie, IL, USA.

25) Sang G., Zhu Y., Yang G., Zhang H. (2015). Preparation and characterization of high porosity cement-based foam material, Construction and Building Materials, 91: 133-137.

26) Zhang X., Yang Q., Shi Y., Zheng G., Li Q., Chen H., Cheng X. (2020). Effects of different control methods on the mechanical and thermal properties of ultra-light foamed concrete, Construction and Building materials, 262: 120082.

27) 濱田稔 (1949). 軽量コンクリート構造, 丸善株式会社, 1-87.

28) 依田和久, 桜本文敏, 池田賢悟 (1997). 超軽量骨材の性質がコンクリート強度に及ぼす影響, コンクリート工学年次論文報告集, 19(1): 493-498.

29) 向井毅 (1981). 軽量骨材の現状と展望, 建築仕上技術, 7:58-61.

30) 村田二郎 (1966). 高強度軽量骨材コンクリート, 山海堂, 1-86.

31) 諫山幸夫, 陣内和彦, 木村邦夫 (1973). シラスバルーン製造加工と応用を中心に, 工業材料, 21(8): 28-33.

32) 袖山研一, 目 義男 (2000). 微粒シラスバルーンの製造とその応用, 無機マテリアル, 7: 313-322.

33) 相馬勲 (1994). 球状フィラーの最新動向, 工業材料, 42(15): 102-114.

34) 米田俊一, 松永 篤, 南條毅一 (1989). 低吸水性無機質軽量発泡体を用いた高強度コンクリート，セメント · コンクリート，506: 30-36.
35) 飛内圭之，古賀康男，成瀬浩康 (1990). 強度を向上させた超軽量コンクリートの性質，第44回セメント技術大会講演集，680-685.
36) 牧角龍憲 (1995). 発泡ポリスチレンビーズを用いた軽量コンクリートの性状，セメント · コンクリート，579: 38-46.
37) 田中秀男，長瀬公一，細萱理子 (2000). 廃発泡スチロールの建材への有効利用，セメント · コンクリート，636: 20-25.
38) 加賀秀治 (1974). 超軽量骨材，セメント · コンクリート，311: 126-132.

제3장 고온 · 고압 기포 콘크리트

3.1 일반사항

고온 · 고압 기포 콘크리트란 고온 · 고압의 환경이 조성 가능한 증기 양생기인 오토클레이브(autoclave)로 석회 및 규산질 재료를 주원료로 하는 슬러리 혼합물을 양생하여 제조되는 경량 콘크리트의 일종이다. 석회 및 규산질을 주원료로 하는 슬러리 혼합물은 함께 투입되는 기포제(주로 알루미늄 분말)와의 혼합을 통해 온도 약 160~180℃ 및 압력 0.9~1.1 MPa의 환경에서 약 160~180%의 체적 팽창을 이룸과 동시에 구조적으로 안전한 판상형 구조의 수화물인 토버모라이트 결정을 생성하게 된다.

고온 · 고압 기포 콘크리트라는 용어는 ALC(autoclaved lightweight concrete)란 명칭으로 1950년대 말 유럽으로부터 고온 · 고압 양생 기술이 일본으로 도입될 때 만들어진 용어로 동남아시아에서 주로 사용되어져 왔으며, 독일에서는 Porenbeton, 유럽일부 국가에서는 Cellular concrete이라고 일컬어지고 있다. 하지만 최근에는 고온 · 고압을 이용한 기포 생성의 공학적 원리를 포용하는 의미로서 대다수의 국가에서 AAC(autoclaved aerated concrete)라는 용어를 사용하고 있으며, 국제적인 학술 용어도 AAC라 사용되고 있다.

3.2 고온 · 고압 기포 콘크리트 배합

고온 · 고압 기포 콘크리트의 강도발현과 열전달 저항성능 등을 포함하는 품질 확보의 핵심 요소 기술은 원료의 성분조성, 발포 기술 및 고온 · 고압의 환경에서의 양생 방법(수열 합성)이라 할 수 있다. 본 절에서는 고온 · 고압 기포 콘크리트의 생산 과정과 함께 품질 확보의 핵심 요소 기술에 대해 설명한다.

3.2.1 고온 · 고압 기포 콘크리트 생산 과정

고온 · 고압 기포 콘크리트의 생산 과정(그림 3.1)은 일반적으로

1) 원재료인 규산질 재료, 생석회, 시멘트, 무수석고, 물 및 발포제(알루미늄 분말)를 혼합하는 단계(그림 3.2);
2) 혼합된 슬러리를 형틀에 타설하는 단계(그림 3.3);
3) 몰드에 타설된 슬러리의 사전양생 단계(그림 3.4);
4) 와이어를 이용한 절단 및 성형의 단계(그림 3.5);
5) 오토클레이브(autoclave)에서의 고온 · 고압 양생의 단계(그림 3.6);
6) 제품 최종 가공 및 출하의 단계로 이루어진다. 여기서, 블록(block)의 형태가 아닌 패널(panel)의 형태로 생산되는 고온 · 고압 기포 콘크리트는 혼합된 슬러리를 형틀에 타설하는 단계에서, 형틀에 강선과 조립된 보강근을 미리 설치 한 후 타설한다(그림 3.7).

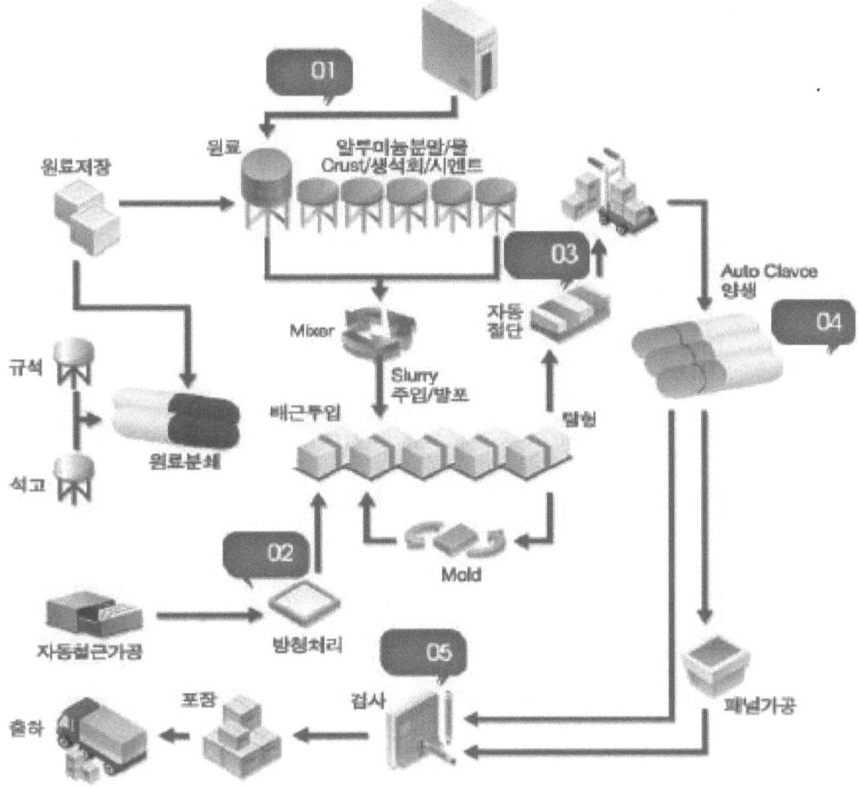

그림 3.1 고온 · 고압 기포 콘크리트의 생산과정

그림 3.2 원재료의 공급

그림 3.3 슬러리 혼합물의 타설

그림 3.4 슬러리의 사전양생

그림 3.5 제품의 절단 및 성형

그림 3.6 고온 · 고압 양생

그림 3.7 강선과 조립된 보강근의 설치
(패널 제작의 경우)

혼합 이후 몰드에 타설된 슬러리의 경우 온도 40~50℃ 및 상대습도 60% 이상인 환경에서 약 3~5시간의 사전양생의 절차를 거치는데 이때 원료들 간의 화학반응을 통해 수소가스가 형성되며, 이로 인한 미세한 기포가 발생하여 혼합물이 부풀어 오르게 된다. 슬러리의 부피 팽창 및 공극 형성을 유도하는 수소 가스는 증발하여 대기 중의 산소와 반응하여 물로 변환되며, 수소 가스로 인해 부풀어 오른 슬러리 내부의 기공은 공기가 차 있는 상태로 경화하게 된다. 이 과정에서 슬러리 혼합물의 부피 팽창은 약 160~180% 범위에 있으며, 결과적으로 이러한 팽창의 과정을 통하여 고온·고압 기포 콘크리트의 밀도와 공극률 등의 물리적 성능이 결정된다. 사전 양생의 단계에서 발포가 완료된 고온·고압 콘크리트 슬러리는 160~180℃ 및 압력 0.9~1.1 MPa의 환경에서 10~12시간 동안 고온·고압 양생을 실시하며 이 과정을 통하여 겔(gel) 형태의 칼슘실리케이트 수화물이 견고한 결정질의 토버모라이트 상(phase)으로 변화(수열합성)되어 복합구조물을 형성하게 된다.

3.2.2 고온 · 고압 기포 콘크리트의 제작을 위한 원료

고온 · 고압 환경에서의 증기양생을 통해 구조적으로 안정된 판상형 구조의 토버모라이트 결정을 이루는 과정으로 제조되는 고온 · 고압 기포 콘크리트는 그림 3.8과 같이 규산질 재료(50~60%) 및 석회질 재료(35~45%)가 슬러리 혼합물의 대부부을 차지한다. 고온 · 고압 기포 콘크리트의 제작을 위해 사용될 수 있는 구성 재료의 분류는 표 3.1과 같이 표준규격(KS F 2701)으로부터 확인할 수 있다. 시멘트계 재료의 경우 품질규격(KS L 5201)에 규정한 것을 이용하기 때문에 성분 함량 등은 대체적으로 크게 고려할 만한 사항이 없다. 다만 석회질 재료, 규산질 재료 및 알루미늄(Al) 분말의 경우 재료의 순도가 비교적 높은 재료가 비교적 우수한 품질의 고온 · 고압 기포 콘크리트를 생산하는데 유리하다. 이에 따라 고품질의 고온 · 고압 기포 콘크리트를 제작하기 위한 원료의 품질 수준을 표 3.2와 같이 제시 될 수 있다. 하지만 고품질의 재료 사용은 원가 상승의 문제를 초래할 수 있으므로 대부분의 제조사에서는 저품질의 원료를 이용해서도 고품질의 제품을 생산 가능한 노하우와 제작기술을 보유하고 있으며, 그 원료 배합비 등은 기밀을 요하는 자료로서 공개되고 있지는 않다. 결과적으로 규산질 재료 및 석회질 재료 등의 혼합비율은 고온 · 고압 기포 콘크리트를 생산하는 제조사에 따라 각각 차이를 갖지만, 그 소재 및 제품으로서의 물리 · 화학적 성질에는 큰 차이가 없는 것으로 알려져 있다.

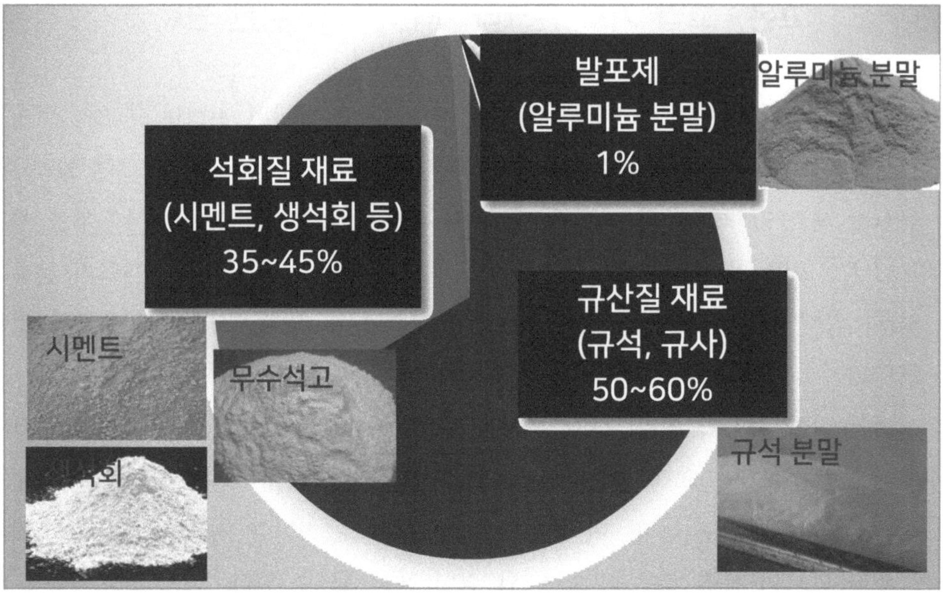

그림 3.8 고온 · 고압 기포 콘크리트의 구성 재료

표 3.1 고온 · 고압 기포 콘크리트의 제작을 위한 구성재료(KS F 2701)

석회질 원료	석회 (CaO)	KS L 9501 규정에 적합한 것
	시멘트	KS L 5201, KS L 5210, KS L 5211에 규정된 것 또는 동등 이상인 것
규산질 원료 (SiO_2)		규석, 규사, 고로슬래그, 플라이애쉬 등으로 진흙, 먼지, 유기물 등을 함유하지 않을 것
기포제		금속분말, 표면활성제 등으로서 균등한 기포가 얻어지는 것
혼화재료		ALC 블록의 품질 및 사용에 해를 주지 않는 범위 내에서 사용할 것

표 3.2 고품질의 고온 · 고압 기포 콘크리트의 제작을 위한 재료의 품질 성능(송훈 등, 2012)

구성 재료		주요 품질 성능
시멘트		1종 보통포틀랜드시멘트(KS L 5201)의 품질 규격 인용
생석회		CaO의 함량 90% 이상, Si+Fe+Mg+Al의 함량 2.7% 이하
석회질 재료	규석	SiO_2 함량 95% 이상
	규사	SiO_2 함량 90% 이상
알루미늄 분말		순도 92% 이상

(1) 규산질 재료

일반적으로 규석(silica stone) 또는 규사(silica sand)가 사용되며, SiO_2의 함량이 높은 재료가 요구된다. 국내의 경우 지리적 여건상 규사 자원이 적기 때문에 주로 규석이 사용된다. 고온·고압 기포 콘크리트 제작을 위해 사용되는 규산질 재료의 반응성은 SiO_2 성분의 함량과 함께 비표면적 및 입도 등의 물리적 특성에 좌우된다. 규산질 재료는 슬러리 혼합물이 고온·고압의 환경에서 수열합성 반응을 하는 동안 생석회 등과 반응하여 새로운 광물을 형성하며, 이 반응은 일정 시간(고온·고압 환경을 조성하는 시간) 내에 완료되어야 하므로 그 반응성은 입도와 비표면적에 따라 변화될 수 있다. 더불어 규산질 재료의 비표면적은 고온·고압 기포 콘크리트의 압축강도와 수축률 등에도 영향을 미치는 주요한 요소이다.

SiO_2의 함량과 고온·고압 기포 콘크리트의 압축강도 발현 성능 사이의 명확한 영향관계는 없지만 SiO_2 함량이 낮은 규산질의 원료를 활용하는 경우 생산 제품의 강도 발현에 불리 할 수 있다. 또한 불순물의 함량도 중요한 결정요소로서, 알칼리 성분인 Na_2O와 K_2O의 함량은 1.5% 이하가 적절한 것으로 제시되고 있다. 알칼리 성분은 대개 장석 또는 운모 형태로 규산질 원료와 일부 혼합·유통 되는데, 특히 운모의 경우 적은 함량으로도 슬러리 혼합물의 강도를 저하시키므로 사용에 주의를 요한다. 점토와 점토질광물의 함량은 최대 10%, 탄산칼슘의 경우 최대 20%까지가 적절한 함량으로서 제시되고 있다.

(2) 석회질 재료

① 생석회

오토클레이브(autoclave) 내에서의 수열합성 과정에서 SiO_2와 반응하여 토버모라이트를 생성하는 역할 이외에 분쇄된 원료가 물과 혼합되어 반소성체의 슬러리가 되는 과정에서 다음과 같은 중요한 작용을 하는 재료이다.

* 수화반응 및 발포 촉진

$$CaO + H_2O \rightarrow Ca(OH)_2 \qquad (1)$$

식 (1)과 같이 물과 반응하여 발열 반응을 이루는 생석회는 수산화칼슘($Ca(OH)_2$)을 형성함에 따라 고온·고압 기포 콘크리트의 혼합재료로서 사용되는 시멘트의 수화 반응을 촉진시킴과 동시에 알루미늄(Al) 분말의 발포를 촉진시킨다.

* 슬러리 중의 수분 고정

식 (3.1)의 반응으로부터 슬러리 혼합시 투입되는 수분의 고정을 통해 유리수가 확보되고, 이는 슬러리의 사전양생 및 성형과정에서 혼합물의 응집상태 유지 및 점성 확보에 긍정적인 효과를 미친다.

② 시멘트

일반적으로 1종 보통포틀랜드시멘트가 주로 사용된다. 배합원료가 슬러리상에서 서서히 발포하면서 경도를 더해 반소성체가 되는데, 포틀랜드시멘트를 혼합·활용함으로서 성형(절단) 및 오토클레이브로의 운반에 견딜 만큼의 경도를 가지게 된다.

(3) 알루미나 분말

일반적으로 정제된 알루미늄(Al) 분말은 그 재료 자체의 발수성이 매우 강하다. 이에 따라 AAC와 같이 물이 첨가되는 슬러리 혼합물의 경우 알루미늄 분말이 균일하게 분산·혼합되는 데에는 어려움이 있기 때문에 저발수성으로 가공된 재료를 활용하여야 한다. 알루미늄 분말의 순도 또한 고온·고압 기포 콘크리트의 안정적인 발포성능 확보를 위해 중요한 요소이지만, 이들 재료가 슬러리 혼합물에 균질하게 분산 될 수 있도록 혼합 가능한 믹서 및 분산제의 활용도 중요하다.

(4) 첨가제 또는 혼화재료

고온·고압 기포 콘크리트 생산시 첨가제나 혼화재료로 주로 사용되는 석고의 경우 적당량을 첨가함으로서 제품의 강도를 높이는 데 효과가 있으며, 슬러리를 발포하는 과정에서 생석회의 발열반응을 제어하는 데 효과가 있는 것으로 알려져 있지만 주요한 사용의 목적은 석고의 수용성 황산염으로 고온·고압 기포 콘크리트의 발포 상태를 조절하는 데 있다.

3.2.3 고온 · 고압 기포 콘크리트의 특성

(1) 발포 원리 및 특성

고온·고압 기포 콘크리트는 금속 알루미늄 분말과 알칼리 반응(수산화칼슘 또는 알칼리 유리수소와 반응)으로 수소(H_2) 가스를 발생시켜 이를 이용하여 슬러리 혼합물을 발포시키는 원리를 이용한다. 발포제로는 알루미늄 분말이 가장 많이 사용되며, 이와 같은 방식을 후기포 방식(post forming type)이라 일컫는다. 알루미늄 분말에 의한 기포의 발생에 대한 화학 반응식을 식 (2)에 나타내었다.

$$2Al + 3Ca(OH)_2 + 6H_2O \rightarrow 3CaO \cdot Al_2O_3 \cdot 36H_2O + 3H_2(gas) \quad (2)$$

고온·고압 기포 콘크리트의 발포율의 경우 수산화칼슘($Ca(OH)_2$)과 발포제인 알루미늄 분말이 반응하여 발생하는 수소가스의 발생정도 및 슬러리 점도에 기인한다. 특히 수소가스 발생압력에 따른 AAC의 부피 팽창은 비교적 높은 슬러리 점도를 갖는 배합에서 다소 어려울 수 있다. 이에 따라 슬러리의 배합시 적절한 점도 확보를 위한 혼합수량의 결정이 중요하다.

일반적으로 다량의 혼합수 사용은 석회질 재료 및 시멘트 등과의 수화반응으로 수산화칼슘의 형성에 긍정적인 영향을 미친다. 더불어 이는 알루미늄 분말과 반응 가능한 수산화칼슘의 증가에 따른 발포성능 상승에 긍정적인 효과를 미칠 수 있다. 하지만 과도한 혼합수량의 증가는 오히려 슬러리의 점도를 감소시켜 부피 팽창을 유도하는 H_2 가스의 과다한 배출 및 경화 전 반소성체 형태의 슬러리 공극 붕괴를 유발한다. 이에 따라 슬러리의 혼합물에서의 H_2 가스의 적절한 배출 및 공극 유지를 위한 점도 확보의 측면에서 배합수를 활용하여야 한다.

(2) 공극 특성

고온·고압의 환경에서 제작된 AAC의 공극은 크게 2가지로 분류 할 수 있다. 표 3.3에 나타낸 바와 같이 원재료의 혼합·경화 과정과 발포에 과정에서 형성되는 기공(50 μm~3 mm)과, 토버모라이트 수화의 과정에서 형성되는 모세관 기공(50 μm 이하)이다.

AAC에서 기공의 골격을 이루는 슬러리 경화체는 다양한 유형의 기공으로 구성된다. 경화 전 수분으로 채워졌던 기공, 사전양생 및 고온·고압 과정에서 반응 생성물이 부분적으로 차지한 기공도 있으며, 석영이 고압·고압의 양생 과정에서 용해됨에 따라 생성된 기공도 존재한다. 특히, 20 ㎛ 이하의 공극은 주로 토버모라이트의 결정질에 의해 형성되며 칼슘실리케이트수화물(calcium silicate hydrate, C-S-H) 겔과 토버모라이트의 결정형상이 촘촘한 구조를 이루는 경우에는 nm 크기의 공극이 다수 형성된다.

표 3.3 고온·고압 기포 콘크리트의 공극의 분류와 정의

구분	기공 크기	정의
기공 (Macro pores)	3 mm ~ 100 μm (그림 3.9)	Air pores, Gas pores
	50 μm ~ 100 μm	Water pores, Inter cluster pores
모세관 기공 (Micro pores)	10 μm ~ 50 μm (그림 3.10)	Quartz gain related pores
	0.5 μm ~ 20 μm (그림 3.11)	Inter particle pores, Tobermorite related pores
	0.5 μm 이하 (그림 3.12)	Nano pores, CSH phase related pores

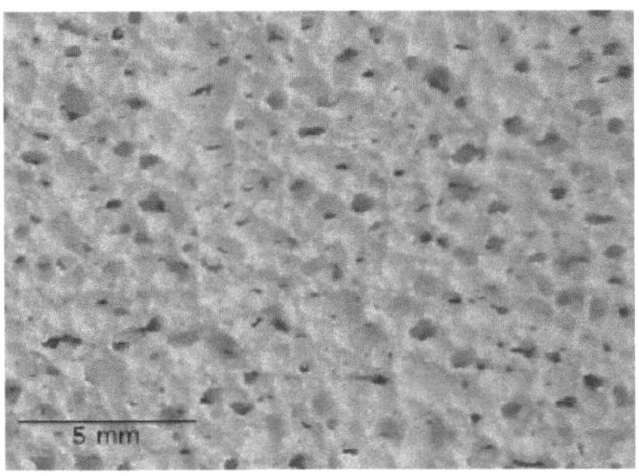

그림 3.9 발포의 과정에서 형성되는 공극

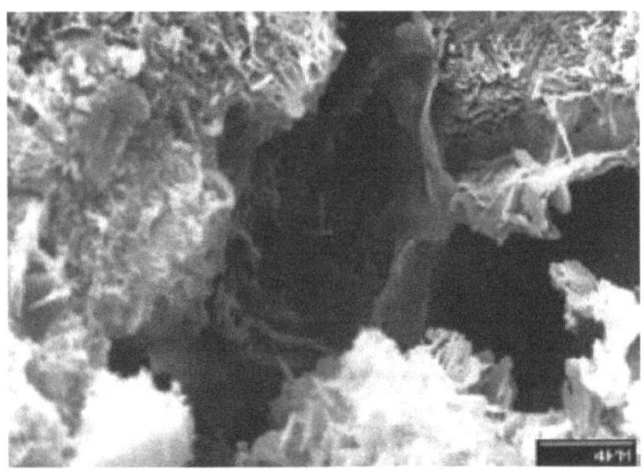

그림 3.10 석영 입자의 용해로 발생하는 공극

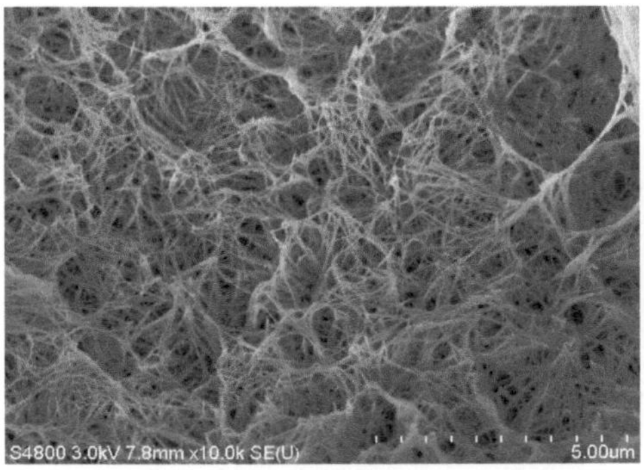

그림 3.11 토버모라이트 결정상 형성으로 생성된 공극

그림 3.12 토버모라이트 결정상 및 칼슘실리케이트 수화물의 응집으로 생성된 공극

이들 공극은 AAC 전체 체적의 약 70~80%를 차지하며, 원료인 슬러리 혼합물의 체적은 약 20~30%에 불과하다. 더불어 혼합되는 석회 및 규산질 재료의 혼합비율과 기포제의 첨가율 그리고 양생 온도와 압력을 다양하게 변화시킴으로서 절건밀도 0.3~1.0 g/cm^{3}의 폭넓은 범위의 밀도를 가질 수 있다. AAC의 밀도 변화에 영향을 미치며 제품 전체 체적의 약 70~80%를 차지하는 기포는 AAC가 경량성, 단열성, 내화성 및 흡음성을 확보하는데 있어 매우 중요한 요소이다.

AAC의 체적 팽창(발포)의 수준은 AAC의 강도발현 성능과 마모저항 성능뿐만 아니라 밀도 변화에 큰 영향을 미친다. 특히 AAC의 밀도와 열전달 저항 특성은 밀접한 관계를 갖는다. 동등 성능의 압축강도를 갖는 AAC에서 밀도가 증가하게 되는 경우 열전도율은 비선형적으로 감소하게 되며, 이와 반대로 밀도가 감소하게 되는 경우 AAC의 열저항값은 증가할 수 있다(그림 3.13). 즉, 열전전달저항성능과 밀접한 관계를 갖는 AAC의 밀도 감소는 단열성능 향상에 긍정적 효과를 갖는다. 하지만 0.3 g/cm^3 이하로의 AAC 절건 밀도 감소는 표면 경도와 압축강도 확보 측면에서 다소 불리하여 생산 제품의 운송과 설치과정에서의 손상 문제와 내구성 유지 어려움의 문제를 내포한다. 이에 따라 AAC 제품의 경우 주로 0.5~0.7 g/cm^3(압축강도 2.9~10 MPa 수준) 범위의 절건 밀도를 갖는 제품이 활용되어지고 있으며, 품질 기준(KS F 2701) 또한 0.45~0.75 g/cm^3(0.5품, 0.6품 및 0.7품)의 범위 절건 밀도를 적정 성능으로 규정하고 있다. 0.4~0.7 g/cm^{3}의 절건밀도 범위에서 생산 가능한 AAC의 압축강도, 탄성계수 및 열전도율의 특성의 예는 표 3.4와 같다.

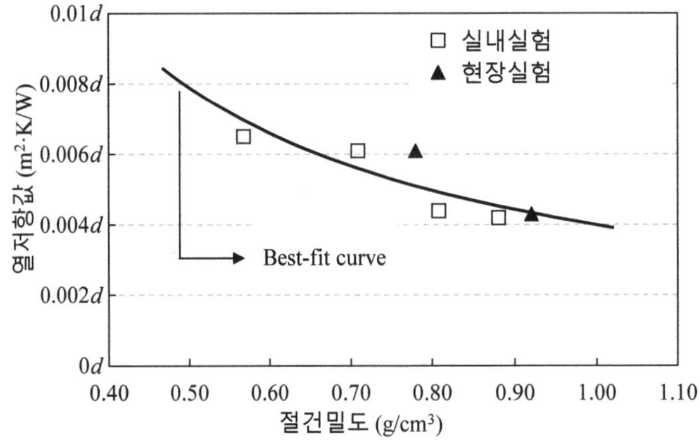

그림 3.13 고온 · 고압 기포 콘크리트의 절건밀도와 열저항값의 관계

표 3.4 0.4~0.7 g/cm^3의 절건밀도 범위에서 생산 가능한 AAC의 품질 특성

절건밀도 (g/cm^3)	압축강도 (MPa)	탄성계수 (MPa)	열전도율 (W/m · K)
0.4	1.3~2.8	180~1170	0.07~0.11
0.5	2.0~4.4	1240~1840	0.08~0.13
0.6	2.8~6.3	1760~2640	0.11~0.17
0.7	3.9~8.5	2420~3580	0.13~0.21

(3) 고온 · 고압 양생(수열 합성)

AAC는 발포과정에서 H_2 가스의 확산에 의해 슬러리 혼합물이 부피 팽창을 이루며, 공극이 생성되는 원리를 갖는데 콘크리트의 공극은 AAC 슬러리의 기계적 강도를 감소시킴에 따라 이를 해결하기 위한 방안으로서 일반적으로 오토클레이브 양생 공정이 사용된다. 여기서 오토클레이브 양생 공정이라 함은 온도 및 압력을 각각 160~180℃ 및 0.9~1.1 MPa범위의 고온 · 고압으로 조성하여 반소성체의 슬러리 혼합물을 빠른 시간내에 경화시키는 과정을 의미한다. 이와 같은 조건에서 석회질 재료와 규사질 재료가 물과 함께 혼합되어 수화(hydration)하는 과정에서 형성하는 겔(gel)형의 칼슘실리케이트 수화물(calcium silicate hydrate, C-S-H)이 안정한 결정을 이루는 토버모라이트(tobermorite)로 변화하여 AAC의 기계적 강도를 향상시킨다. 이를 또 다른 의미로서 고온 · 고압의 환경에서 물의 존재하여 이루어지는 물질의 합성 또는 변성반응의 형태인 수열합성(hydrothermal synthesis)이라 일컫는다.

AAC 수열합성의 과정은 그림 3.14에 나타낸 바와 같이 H_2 가스에 의한 슬러리 혼합물의 부피팽창이 완료되는 사전양생의 단계 이후 고온·고압의 환경에서 약 10~12

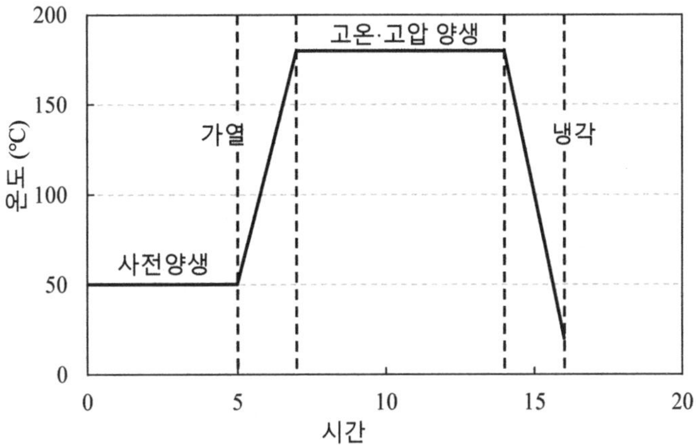

그림 3.14 고온 · 고압 기포 콘크리트의 수열합성 과정

시간 동안 수행된다. AAC의 강도발현에 영향을 미치는 수화물인 토버모라이트의 경우 수열합성 과정에서 양생온도 및 시간이 증가함에 따라 육각판상형의 결정 형태가 명확해지며 점차 안정된 구조로 변화하는 것으로 알려져 있다. 하지만 최근에는 AAC 제작의 원료의 품질 개선 및 강도 향상을 위한 다양한 혼화재료를 활용함에 따라 고온·고압 환경에서의 수열합성 시간은 3~5시간 수준으로 감소 시킬수 있는 기술이 제시되고 있으며, 이로 인한 연료 사용량의 감소 및 연료 사용으로 인한 유해배출 가스 배출 감소의 효과도 나타나고 있다.

수열합성을 행하는 조건은 규산질 재료와 석회질 재료의 혼합물 중 산화칼슘과 이산화규소 함량의 몰비(CaO to SiO_2 molar ratio, C/S)가 1을 넘는 경우는 찾아보기 어려우며, 앞서 언급한 바와 같이 온도 160~180℃, 압력 0.9~1.1 MPa, 유지시간 3~12시간의 범위 내에서 주로 생산되기 때문에 시중 제품에서 슬러리 혼합물의 수화 형태는 다소 제한된다. 그림 3.15에 나타낸 바와 같이 일반적인 고온·고압 기포 콘크리트의 생성과정에서 형성되는 수화물은 준결정성의 C-S-H(Ⅰ) 및 결정성 11Å의 토버모라이트 등의 토버모라이트 족으로 분류되고 있다. 단 칼슘의 함유량이 많을 경우에는 C-S-H(Ⅱ), 알파-디칼슘실리케이트(α -dicalcium silicate) 수화물이 형성되며, 알루미나의

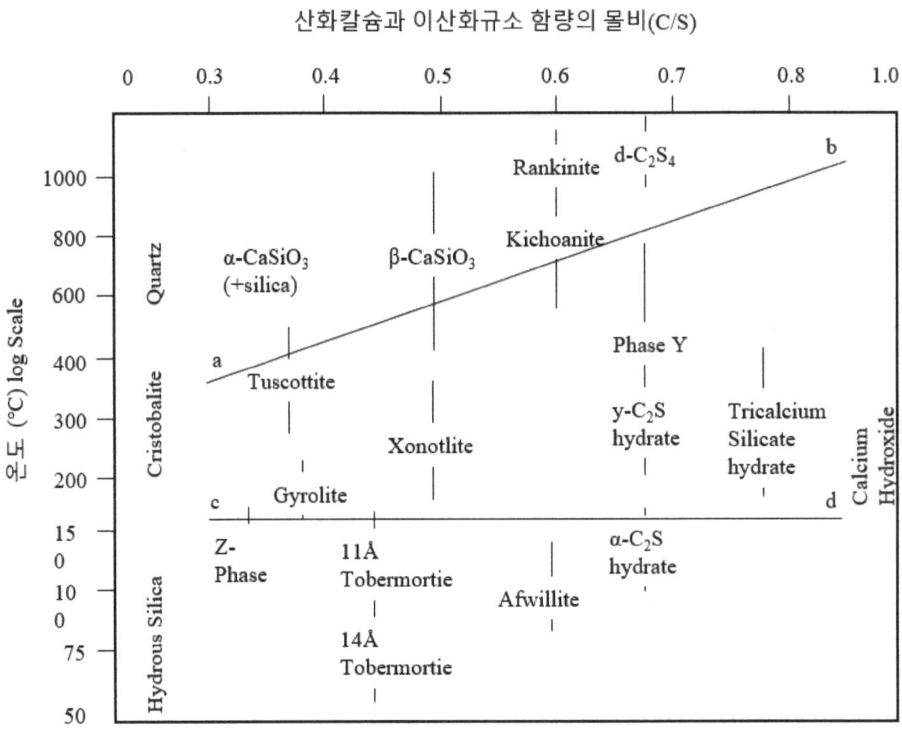

그림 3.15 고온 · 고압 기포 콘크리트의 수열합성 조건 변화에 따른 수화생성물의 분류

함유량이 높을 때에는 겔레흐나이트(gelehnite) 수화물이 생성되기도 한다. 온도가 높을 경우에는 하이드로가닛(hydrogarnet) 등이 생성되기 쉽다. 또한 처리 온도가 높고 C/S비가 1에 가까운 경우 조노트라이트(Xonotlite) 수화물이 형성되며, C/S비가 낮은 경우에는 자이로라이트(gyrolite) 수화물이 주로 형성된다.

(4) 구성 재료 및 양생 환경이 AAC의 품질에 미치는 영향

일반적으로 AAC의 기본 원료는 규석 및 규사 등의 규산질 재료와 석회분말 및 시멘트 등의 석회질 재료를 포함한다. 일부 연구에서는 규산질 재료의 입자 크기가 AAC의 경화 및 수화 활성에 있어 매우 중요한 영향을 미치는 것으로 제시하였다. 이는 그림 3.8에 나타낸 바와 같이 AAC의 구성 재료 중 규산질 재료의 비중이 50~60%임을 고려할 때, 이들 재료의 품질 변동이 AAC의 품질에 미치는 영향이 크다는 것을 알 수 있다. 하지만 미세한 입자 크기를 갖는 규산질 재료는 표면이 거칠며 비교적 큰 크기의 입자를 갖는 규산질 재료에 비해 반응성이 높지만, AAC의 경화 측면에서

바람직하지 않은 광물인 자이로라이트(gyrolite)의 형성을 촉진하기도 하는 것으로 보고되고 있다. 이는 그림 3.16에서 확인할 수 있는 바와 같이 자이로라이트(gyrolite) 수화물의 경우 토버모라이트에 비해 비교적 치밀하지 못하며 수화물간의 배열 또한 느슨한 구조이기 때문이다.

1980년대부터 현재까지 국·내외의 연구 자료를 토대로 수집한 AAC의 원료 혼합조성의 실리카-석회-시멘트 삼원 다이어그램을 그림 3.17에 나타내었다. 이 그림에서는 석회와 시멘트 양의 차이가 실리카 양의 차이 보다 더 크다는 것을 보여준다. 즉, 석회와 시멘트는 모두 5~30% 사이에서 다양하고 실리카는 60~70%사이에 다양하다. 최근에는 각 제조마다 생산제품의 품질 안전성 확보와 단가 감소의 측면에서 플라이애시와 바텀애시, 실리카 퓸, 광산 광미 및 제강 슬래그와 같은 일부 대체 재료 및 산업부산물 활용의 연구가 수행되어 지고 있다.

Mosafa(2005)는 AAC의 원료 중 일부를 고로슬래그 미분말로 대체하여 제작한 제품의 물리적 특성과 수화생성물 변화에 미치는 영향을 검토하였다. 이 연구에서는 AAC의 수화 속도가 증가하는 경우 유리석회는 감소하고 결합수 함량이 증가하여 토버모라이트 생성에 유리한 것으로 보고되었다. 더불어 결합수의 함량도 슬래그의 사용량 증가에 따라 증가하는 것을 알려져 있다. Kurama et al.(2009)은 미립의 제올라이트를 사용이 AAC의 강도 증진에 긍정적인 영향을 미칠 수 있음을 제시하였는데, 다량의 제올라이트를 사용할 경우에는 다량의 미반응 제올라이트가 생성되어 AAC의 물성 개선에 좋지 않은 영향을 줄 수 있음을 밝혔다.

더불어 AAC는 장시간 동안 고온·고압의 환경에서 양생을 지속하는 경우 오히려 제품의 강도발현 성능에 있어서 불리 할 수 있음이 다수의 연구 결과를 통해 제시되었다. 이는 AAC 경화에 큰 영향을 미치는 안정한 결정의 토버모라이트가 자이로라이트(gyrolite)로 변화함에 따른 것으로 밝혀진바 있다. 더불어 이론상으론 AAC의 양생 시 증기압을 높이는 것이 경화 수화물들의 반응 시간 단축에 유리하지만, 고품질의 AAC 생산을 위한 증기압과 반응시간의 상관관계가 아직까지 완벽히 검증되지 않았기 때문에 실제 적용된 바는 매우 적다.

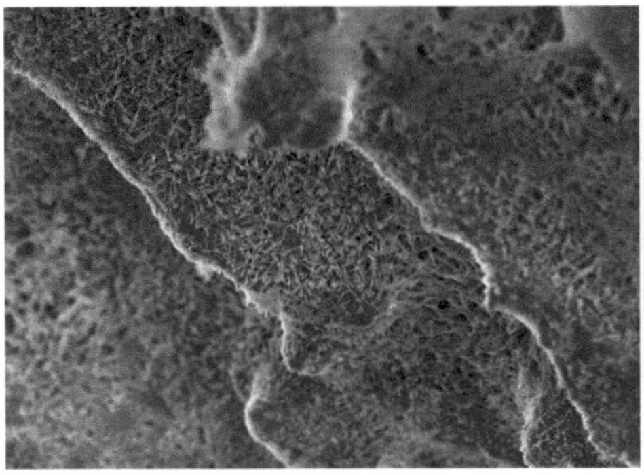

(a) 토버모라이트

(b) 자이로라이트

그림 3.16 토버모라이트와 자이로라이트의 형상 비교

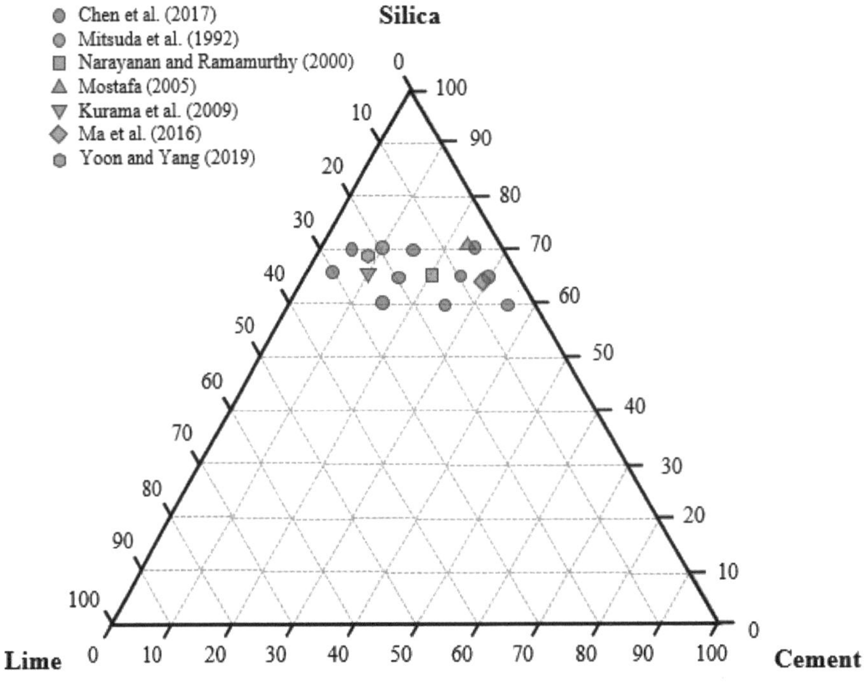

그림 3.17 국내 · 외 연구 자료를 토대로 수집한 고온 · 고압 기포 콘크리트의 원료혼합 조성

3.3 생산 제품 현황

3.3.1 생산 제품의 종류

국내에서 생산되는 고온·고압 기포 콘크리트 제품은 크게 블록(block)과 패널(panel)의 제품으로서 활용되고 있다. 블록의 생산 크기는 보통 두께가 150 mm인 제품을 기준으로 하여 두께가 150 mm 이상인 제품은 높이를 300 mm로 하며, 그 이하의 두께를 갖는 제품의 경우 제품 높이를 400 mm로 하는 것이 보통이다(표 3.5). 제품의 너비는 600 mm를 기준으로 한다. 더불어 블록 생산 제품의 두께의 경우에는 75 mm에서부터 10 mm 단위로 변화 가능하며, 여건에 따라 300 mm 보다 두껍게도 생산이 가능하다. 높이는 주로 현장 시공시 작업자의 작업 효율을 고려하여, 블록 한 장의 무게를 인력으로 쉽게 옮길 수 있도록 200~400 mm 수준으로 한다.

패널은 적용부위에 따라 지붕용, 바닥용, 외벽용, 칸막이용 및 내력벽으로 구분하고 바닥용은 내화시간에 따라 구분하기도 한다(표 3.6). 패널의 두께는 보강 철근의 배근과 제품의 특성에 따라 성능에 차이가 있지만, 대체로 제조사마다의 품질 수준이 평준화 되어있어 큰 차이는 없다.

바닥용의 경우 같은 두께의 패널이라 해도 주근의 피복 두께에 따라 내화 성능이 다를 수 있으므로, 구별하여 사용하도록 권고하고 있다. 패널의 너비는 제조사에 따라서 300~600 mm 사이의 제품을 다양하게 생산 가능하다.

표 3.5 고온·고압 기포 콘크리트 블록의 생산 치수

너비 (mm)	높이 (mm)	두께 (mm)
600	200 250 300 400 450	75 (80), 100, 125 (120), 150 175 (180), 200, 225 (230), 250 300

표 3.6 고온·고압 기포 콘크리트 패널의 생산 치수

<table>
<tr><th>종류</th><th>두께 (mm)</th><th>길이</th><th>너비 (mm)</th></tr>
<tr><td>지붕 패널</td><td>75, 100, 125(120), 150, 175(180), 200</td><td>패널두께의
35배 이하</td><td rowspan="5">300~600</td></tr>
<tr><td>바닥 패널</td><td>100, 125(1200, 150, 175(180), 200</td><td>패널두께의
25배 이하</td></tr>
<tr><td>외벽 패널</td><td>100, 125(120), 150, 175(180), 200</td><td>패널두께의
35배 이하</td></tr>
<tr><td>간막이 패널</td><td>75, 100, 125(120), 150</td><td>패널두께의
40배 이하 또는
6,000 mm 이하</td></tr>
<tr><td>내력벽 패널</td><td>125(120), 150, 175(180), 200, 225(230), 250</td><td>2,700 mm 이하</td></tr>
</table>

3.3.2 고온·고압 기포 콘크리트의 적용

고온·고압 기포 콘크리트제품의 적용은 주로 상가, 백화점 또는 아파트와 등과 같이 다양한 시설물(주거용 및 상업용 건축물)의 내벽에 블록(block)의 제품이 주로 적용되다가 점차 적용 범위를 높여 근래에는 외벽 등에도 패널의 형태로서 적용되고 있다(표 3.7). 조적조와 일반의 마감재가 인접하는 부위나 조적조로 된 내벽, 엘리베이터 샤프트 및 계단벽 등 고단열 및 방수와 내화성능을 요구하는 비내력벽의 위치에서 주로 활용되고 있다.

주로 철골조로 활용되는 창고 시설물들의 경우에는 내·외벽은 물론 바닥, 지붕 및 방화벽에도 AAC 제품이 다수 활용되고 있으며, 이들 구조물에서는 블록 제품보다는 패널의 제품이 빈번하게 활용되고 있다.

표 3.7 고온 · 고압 기포 콘크리트의 적용범위

<table>
<tr><th>종류</th><th colspan="2">적용부위</th><th>기존 시공법</th><th>고온 · 고압 기포
콘크리트의 적용</th></tr>
<tr><td rowspan="9">주거용
건축물</td><td rowspan="5">아파트
또는
연립
주택</td><td>골조
(기둥/보)</td><td>콘크리트를 이용하여
내력벽과 바닥을
일체식으로 타설</td><td rowspan="2">기존 시공법과 동일</td></tr>
<tr><td>바닥/지붕</td><td>골조 공사와 동일</td></tr>
<tr><td>외벽</td><td rowspan="2">조적조</td><td rowspan="2">블록(block) 또는
패널(panel)</td></tr>
<tr><td>내벽</td></tr>
<tr><td>엘리베이터 샤프트</td><td>옹벽 / 조적조</td><td>패널(panel)</td></tr>
<tr><td rowspan="4">단독
주택</td><td>골조
(기둥/보)</td><td>철근 콘크리트 / 조적조</td><td rowspan="4">1층 내벽 및 외벽은
블록(block) 시공

2층 바닥과 지붕슬래브는
패널(panel) 또는
블록(block)을 사용가능

내부 간막이 벽
블록(block) 시공</td></tr>
<tr><td>바닥/지붕</td><td>골조 공사와 동일</td></tr>
<tr><td>외벽</td><td rowspan="2">조적조</td></tr>
<tr><td>내벽</td></tr>
<tr><td rowspan="6">상업용
건축물</td><td colspan="2">골조
(기둥/보)</td><td>철근 콘크리트 / 철골조</td><td>–</td></tr>
<tr><td colspan="2">바닥/지붕</td><td>철근 콘크리트 /
프리캐스트콘크리트</td><td rowspan="4">블록(block) 또는
패널(panel)</td></tr>
<tr><td colspan="2" rowspan="2">외벽</td><td>커튼월(고층)</td></tr>
<tr><td>PC 패널 또는
조적조 + 외부마감재</td></tr>
<tr><td colspan="2">내벽</td><td>조적조</td></tr>
<tr><td colspan="2">엘리베이터 샤프트 및 계단벽</td><td>철근 콘크리트 / 조적조</td><td>패널(panel)</td></tr>
<tr><td rowspan="4">공업용
건축물</td><td colspan="2">골조</td><td>철골조 /
조적조(소형건축물)</td><td>–</td></tr>
<tr><td colspan="2">바닥</td><td>철근 콘크리트</td><td>–</td></tr>
<tr><td colspan="2">벽제</td><td>경량 샌드위치 패널 /
조적조</td><td>패널(panel)</td></tr>
<tr><td colspan="2">지붕</td><td>경량 샌드위치 패널,
함석 슬레이트</td><td>패널(panel)</td></tr>
</table>

3.3.3 제품 관리

우수한 단열성능에 기초하는 고온·고압 기포 콘크리트 제품은 생산과 유통 및 시공의 과정에서 습기(수분) 노출에 유의할 필요가 있다. 특히, 고온·고압 기포 콘크리트는 내부 구조가 다공성임에 따라 수분을 쉽게 흡수하는 특징을 가져 습기에 장시간 노출되는 경우 제품의 강도 및 단열성능의 저하로 이어질 수 있다. 더욱이, 다량의 수분을 흡수한 고온·고압 기포 콘크리트는 수변환경에 건조해짐에 따라 흡수하였던 수분을 배출하는데 이때 제품 외부에 시공된 마감재 등에 얼룩을 남기거나 곰팡이 등을 발생시키는 문제를 야기할 수 있다. 또한 건축물 내·외부의 온도차에 의한 결로 현상의 발생 가능성도 있다. 이에 따라 고온·고압 기포 콘크리트 제품을 설치하는 건축물에서는 제품 시공 후 일정기간 난방기 등을 활용하여 내부를 충분히 건조 및 환기해주어야 하며, 마감재를 통기성이 우수한 재료로 선정·시공 하는 것이 추천된다. 아울러 고온·고압 기포 콘크리트 제품을 설치하는 구획에서 환기구를 적절히 갖추어 주는 것이 유익하다. 위와 같은 단점을 보완하기 위해 고온·고압 기포 콘크리트제품은 블록 및 패널 등의 일반적인 제품 이외에도 발수성능을 높인 제품 또는 고강도의 제품이 생산되고 있다.

참고문헌

1) 국가기술표준원, KS F 2701, KS L 5201, KS L 5210, KS L 5211, 국가기술표준원, 음성, 한국

2) 김영호 (2011) 건물 외벽 패널용 경량 기포 콘크리트(AAC)의 CaO/SiO2 혼합비에 따른 강도 특성 평가, 한국디지털건축인테리어학회논문집, 11(3): 35-42.

3) 송훈, 추용식, 이종규 (2012) 규석 분말 및 석고 혼입에 따른 경량 기포 콘크리트의 강도특성 개선, 한국건설순환자원학회 논문집, 7(4): 128-135.

4) 쌍용 ALC (2021) 쌍용 ALC 2021 기술자료, 주식회사 SYC.

5) 윤현섭, 양근혁 (2019) 오토클레이브 기포 콘크리트의 발포율 및 압축강도를 고려한 최적 배합조건 평가, 한국콘크리트학회 논문집, 31(2): 123-130.

6) 추용식, 서성관, 임두혁, 송훈, 이종규, 이승호 (2011) 규석 종류에 따른 ALC 물성 연구, 한국건설순환자원학회논문집, 6(4): 89-94.

7) 추용식, 정의종, 송훈, 이종규, 김영곤, 강대구 (2010) 규석 분말도에 따른 ALC의 물리적 특성 변화, 한국세라믹학회지, 47(5): 407-411.

8) 한국경량 기포 콘크리트협회 (2004) ALC 소개, ALC건축설계, No.1, pp. 2-14..

9) Chen, Y.L., Chang, J.E., Lai, Y.C., Chou, M.M. (2017) A comprehensive study on the production of autocalved aerated concrete: Effects of silica-lime-cement composition and autoclaving conditions, Construction and Building Materials, 153: 622-629.

10) Kurama, H., Topçu, İ.B., Karakurt, C. (2009) Properties of the autoclaved aerated concrete produced from coal bottom ash, Journal of Materials Processing Technology, 209(2): 767-773.

11) Ma, B.G., Cai, L.X., Li, X.G., Jian, S.W. (2016) Utilization of iron tailings as substitute in autoclaved aerated concrete: physico-mechanical and microstructure of hydration products, Journal of Cleaner Production, 127:162-171.

12) Mitsuda, T., Sasaki, H., Ishida, H. (1992) Phase evolution during autoclaving process of aerated concrete, Journal of the American Ceramic Society, 75(7): 1858-1863.

13) Mostafa, N.Y. (2005) Influence of air-cooled slag on physicochemical properties of autoclaved aerated concrete, Cement and Concrete Research, 35(7): 1349-1357.

14) Narayanan, N., Ramamurthy, K. Microstructural investigation on aerated concrete, Cement and Concrete Research, 30(3): 457-464.

15) Nevile, A.M. (2011) Properties of Concrete, 5th de., Prentice Hall.

16) Schober, G. Porosity in autoclaved aerated concrete (AAC): A review on pore structure, types of porosity, measurement methods and effects of porosity on properties, 5th International

Conference on Autoclaved Aerated Concrete. No. 39-43. Bydgoscsz Poland, 2011.
17) Wittmann, F.H. (1983) Autoclaved Aerated Concrete, Moisture and Properties, Elsevier Science Publishing Company Inc.

제4장 비구조 경량 골재 콘크리트

4.1 경량 기포 콘크리트 일반사항

콘크리트는 구조물의 형상을 결정하는 데 있어 비교적 자유롭고 경제적으로 시공할 수 있어 널리 사용되고 있는 건설재료이다. 하지만 일반적인 콘크리트의 경우 중량이 비교적 크기 때문에 경량성의 재료가 요구되는 구조물에는 사용이 어렵다. 경량 콘크리트의 경우 낮은 밀도로 인해 경량성을 요구하는 구조물의 구성 재료로서 효율적으로 활용될 수 있지만, 낮은 밀도로 인한 내하력 부족의 영향으로 구조물 보존의 중추적인 역할을 하는 구조재료서의 사용에는 어려움이 있다. 이러한 한계로 인해 경량 콘크리트는 주로 비구조용 재료로서 사용된다. 비구조용 경량 콘크리트에는 경량 골재를 사용한 경량 골재 콘크리트 그리고 시멘트풀 또는 모르타르 내에서 기포를 발생시켜 제작하는 현장 타설 습식형 기포 콘크리트가 주로 사용된다.

4.2 경량 기포 콘크리트 시공 사례

경량 기포 콘크리트는 발포제를 이용하여 콘크리트 내에 인공적으로 기포를 발생시켜 중량을 저감시킨 콘크리트이다. 경량 기포 콘크리트는 경량 골재 콘크리트와 마찬가지로 내부의 두터운 공기층을 통해 우수한 단열성능과 차음효과로 거주용 건축물에 샌드위치 패널로 사용된다. 특히 경량 기포 콘크리트는 주거 공간 외의 바닥재로 사용되는 무세골재 콘크리트와는 달리 경량성과 우수한 단열 및 차음성으로 아파트 및 연립주택 등 주거공간의 바닥재로 유용하게 사용된다. 일반적인 바닥 미장의 방법과는 다르게 바닥면 전체에 난방용 코일을 매립하여 경량 기포 콘크리트를 타설한 후 미장을 실시한다. 이때 공기층이 다량으로 포함된 경량 기포 콘크리트는 매립된 난방 코일이 발생시키는 열을 저장하는 축열 효과를 보인다. 두께는 일반적으로 약 100~110 mm를 사용하며 종종 기포를 발생시키지 않고 발포합성수지를 경량 골재 개념으로 혼합하여 시공하기도 한다.

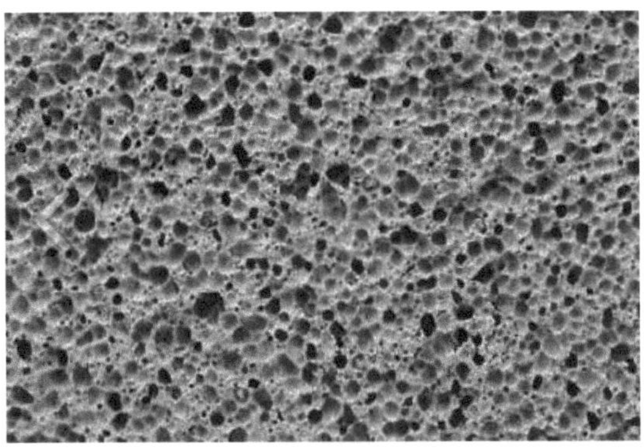

그림 4.1 경량 기포 콘크리트

경량 기포 콘크리트는 한국경량 기포 콘크리트협회를 통해 배합비율이 권장되고 있다. 한국경량 기포 콘크리트 협회에서 제정한 배합비율은 아래 표 4.1과 같다.

표 4.1 한국경량 기포 콘크리트 협회에서 지정한 경량 기포 콘크리트의 주 원료 배합비율

석영질 모래, %	시멘트, %	석회석, %	석고, %	알루미늄, %
50 ~ 60	20 ~ 30	10 ~ 20	2 ~ 5	0.05 ~ 1

한국경량 기포 콘크리트 협회에서 제정한 경량 기포 콘크리트의 기본적인 원료에 포함된 소량의 알류미늄 분말의 배합비는 기포량을 조절하여 경량 기포 콘크리트의 밀도와 강도를 결정하게 된다. 경량 기포 콘크리트의 제작은 주 원료와 물을 배합하여 슬러리 형태로 만들어 거푸집에 타설하는 과정 및 거푸집 내의 슬러리가 충분히 경화된 후의 거푸집 해체 과정을 공통적으로 거친 후 필요 규격에 맞게 절단하여 바로 사용하거나, 고온 고압의 증기양생기에서 상압양생 과정을 거치게 된다. 이때 환경은 180℃, 10 기압에서 증기양생이 이루어진다. 상압양생 과정을 마친 경량 기포 콘크리트는 30% 이상의 높은 함수율을 갖게 되고 자연 건조를 통해 함수율을 조정하며 건조시킨다. 이 과정에서 경화된 경량 기포 콘크리트는 일반 콘크리트에 비하여 확연히 낮은 밀도를 지니게 되고 다량의 공극으로 인해 높은 부력을 지니게 된다. 또한 0.08~0.2 W/m · K로 낮은 열전도율로 일반 콘크리트에 비하여 우수한 단열성능을 지니게 된다.

국내에서는 E사와 S사 두 업체에서 경량 기포 콘크리트를 생산하고 있으며 제품으로는 공통적으로 경량 기포 콘크리트 블록, 경량 기포 콘크리트 패널 및 비구조용 경량 기포 콘크리트를 제공하고 있다. 경량 기포 콘크리트 블록의 치수는 표 4.2와 같이 정의되어있다.

표 4.2 한국경량 기포 콘크리트 협회에서 지정한 경량 기포 콘크리트 블록의 치수

길이. mm	높이, mm	두께, mm
600	200 250 300 400 450	75, 100, 1258, 150, 175, 200, 225, 250, 300

비구조용 경량 기포 콘크리트 제품의 경우 압축 강도가 일반 경량 기포 콘크리트에 비해 낮은 대신 매우 뛰어난 단열성능을 가져 유독가스를 배출하지 않는 불연내화 단열재로서 기능할 수 있다. 또한 성능 및 형태가 변하지 않는 단단한 고형체이므로 건식 및 습식공사에 모두 용이하며 뛰어난 내구성을 지닌다. 이러한 특성으로 인해 불연 내화 단열재로서 내 · 외벽 필로티 및 지하층 천장에 사용되고 있다.

최근 향후 리모델링 가능성 및 수요자 요구를 반영하고, 환경 및 에너지를 고려한 장수명 공동주택 개발의 필요성에 따라 과거 성장 중심의 건설시장에서 벽체의 대부분을 차지해온 기존 콘크리트 벽식 구조를 라멘 구조 및 무향판 구조로 변경하고 있다. 이로 인해 구조체를 제외한 실내벽체를 비내력 경량벽체로 설계에 적용하고 있으며 기존의 경량 벽체 자재 중에서도 내구성, 내화성, 단열성 및 경량성 등 다양한 성능 및 경제성을 두루 갖춘 경량 기포 콘크리트 블록 및 경량 기포 패널 제품을 적용하는 현장이 민간건설사까지 점차 확대되고 있다.

경량 기포 콘크리트의 탁월한 내화성능을 이용한 해외의 대표적 적용사례는 물류창고라고 할 수 있다. 건물의 특성상 보관물품의 보호를 위해 일정한 공간을 나눠 내화구획벽을 두어 한 창고에서 화재가 발생하여도 인접 창고로의 화재 전파를 방지하기 위해 경량 기포 콘크리트 패널이 유럽의 여러 나라에서 많이 사용되고 있다. 내화구획벽으로 화재의 전파가 방지된 물류창고에서 화재가 발생한 경우 철골 구조는 크게 손상되었으나 경량 기포 콘크리트 패널벽은 붕괴되지 않고 화재의 전파를 막아 화재 후 복구공사비도 크게 저감되는 장점을 지니고 있다.

그림 4.2 독일 코메르츠방크 타워

내화구획벽은 공장, 창고뿐만 아니라 고층 오피스건물에도 적용되고 있다. 그 중 그림 4.2의 높이가 250 m로 현재 독일에서 가장 높은 건축물로 꼽히고 있는 독일 프랑크푸르트에 위치한 코메르츠방크 타워도 내화구획벽으로서 비구조 경량 기포 콘크리트를 사용하였다. 이 건물의 각층은 3곳의 코어로 구성되어 있으며, 오피스 공간과의 구획을 위해 각 모서리의 경계벽은 150 mm 및 175 mm 두께의 경량 기포 콘크리트 패널과 블록으로 시공되었으며 그 물량은 32,000 m^2에 달한다.

내화구획벽 이외에도 국내에서는 1990년대부터 온돌바닥의 채움재로서 경량 기포 콘크리트가 사용되고 있다. 공기단축, 원가절감 및 품질향상 등에 대한 요구에 부합하기 위해 국내 고유기술로서 독창성을 가지는 온돌시스템에도 새로운 재료 및 공법들이 개발되고 있다. 개발 및 적용된 여러 신재료 및 신기술 중에서도 경량 기포 콘크리트는 원가절감 및 시공성 향상에 매우 효과적인 기술로 알려져 있다. 경량 기포 콘크리트의 기본적으로 뛰어난 단열성과 충격음 저항성 등은 일반 콘크리트와는 비교되지 않을 만큼 우수하여 온돌용 단열층 또는 채움층으로서 필수적인 재료이다. 국내에서 꾸준히 개발 및 적용되고 있는 온돌용 경량 기포 콘크리트는 일반 시멘트 경량 기포 콘크리트부터 발포 폴리스틸렌 비드를 경량원료로 사용한 경량 기포 콘크리트 등 종류가 다양하다. 더 나아가 산업부산물인 플라이애쉬를 첨가함으로써 경제성이나 품질면에서 우수한 특성을 지닌 플라이애쉬 기포 콘크리트도 개발되어 현장에 적용되고 있다.

산업자원부 기술표준원에서는 이러한 기술이 국내에 확대적용되고 있는 상황을 고려하여 KS F 4039(현장타설용 경량 기포 콘크리트)를 제정하였으며, 한국토지주택공사에서도 이러한 자갈층을 신제품의 개발에 따라 기존의 자갈층을 대신하여 경량 기포 콘크리트를 채움층으로 적용할 수 있도록 관련시방서가 개정되기에 이르렀다.

또한 경량 기포 콘크리트는 충진재로서 다양한 장소에 타설되고 있다. 한국철도시설공단이 발주한 포항~삼척간 철도건설 제5공구에서 경량 기포 콘크리트는 터널동공 충진공법에 활용되었다. 터널 시공 시 확인된 동공에 총 632 m^3의 경량 기포 콘크리트를 주입하여 동공부를 매꾸었다. 이외에도 LH공사에서 발주한 행정중심복합도시 생활권 조성공사 중 폐우수관로를 충진하기 위해 경량 기포 콘크리트가 사용되었으며 한국수자원공사 발주의 금강광역상수도 시설물 개량공사에서도 속관 충진공법에 632 m^3의 경량 기포 콘크리트가 주입되었다.

한국도로공사 발주의 주문진~속초간 고속도로 제4공구 남대천교 교대 뒷부분과 인천공항공사 발주의 인천국제공항 제2여객청사 연결철도 공사 지하구조물 상부에서도 하중경감을 위해 각각 1,850 m^3와 8,400 m^3의 경량 기포 콘크리트가 타설되었다.

4.3 경량 골재 콘크리트 시공 사례

4.3.1 인공골재를 활용한 경량 골재 콘크리트 제작 사례

(1) 구조용 경량 골재 콘크리트

현대 산업기술의 발전에 따라 경량 콘크리트를 필요로 하는 건설물의 수요가 증가하고 있다. 구조물의 거대화로 인해 초장대교량 및 초고층빌딩 등 구조물의 중량을 저감하여야하는 필요성이 높아졌고 풍하중에 더욱 취약하진 거대구조물은 유려한 곡선으로의 설계를 요구받고 있다. 경량과 성형성을 동시에 만족시킬 수 있는 경량 콘크리트는 이러한 건설 및 건축물에 적합한 건설재료라 볼 수 있다.

초경량 고강도 콘크리트는 본질적으로 공존하기 어려운 두 성능을 동시에 지닌 재료로서 아직 실용화에는 이르지 못한 기술로 초고층빌딩과 초장대교량에 직접 사용된 사례는 거의 없다. 따라서 여러 연구단에서는 초경량과 고강도를 동시에 만족시키는 콘크리트를 제작하고자 노력하고 있다. A 업체에서는 해외 골재 및 국내 경량 골재를 대상으로 소재 데이터 베이스를 구축하였으며 국내·외 경량 골재를 대상으로 400 m의 압송 실험 및 파일럿 테스트 적용을 통하여 시공 기술을 확보할 계획이며 이를 수행 중이다.

또한 밀도가 낮은 특징을 색다르게 활용하는 경우도 있다. C사는 밀도가 낮은 초경량 고강도 콘크리트를 활용하여 물에 뜨는 초고강도 방수 콘크리트를 제조하고 있다. 시공 특징으로는 압축강도 40 MPa 이상의 강도를 발현하는 것을 목표로 하며 밀도 0.8 g/cm^3의 초경량성을 지니는 콘크리트를 제작하는 계획을 수립했다. 해당 기술은 현재 개발 진행 중으로 실제로 실용화되지는 않았지만 밀도가 낮다는 점을 활용하여 부유식 해상플랜트 및 해양구조물 제작에 이점을 얻을 수 있을 것으로 전망된다.

비구조용 경량콘크리트의 실용화에 있어 가장 빠르게 시행된 소재인 경량 콘크리트는 경량 골재를 사용하지 않고 발포제에 의해 콘크리트 속에 무수한 기포를 분산시켜 경량화를 도모한 경량 기포 콘크리트이다. 경량 기포 콘크리트는 1929년에 처음 시판이 시작되었고 미국의 D사 및 영국의 E사 등 각국에 널리 보급되어 현재 30여개 국에서 생산되고 있다. 국내에서는 1970년대 후반에 제조기법이 도입되었으나 활성화되지 못하다가 1980년대 중반부터 아파트 및 호텔 등의 외벽이나 내부 칸막이 등에 비구조용으로 사용되기 시작하였다.

경량 골재 콘크리트의 경우 주로 단독주택 등의 패널로 사용된다. 경량 골재 콘크리트는 발포 합성수지과 종종 혼합되어 샌드위치 패널 형식으로 제작되는데 다량의 기포를 함유하고 있는 이 패널은 일반 콘크리트보다 많은 공기층을 지니고있어 단열효과와 차음효과에도 우수한 성능을 보인다. 또한 두터운 공기층은 내화성능에도 우수한 성능이 발현되는데 이는 콘크리트 내의 수분이 경량 콘크리트 내의 공기층 안에서 기화되어 수증기 발산을 제어하는 역할을 하여 콘크리트가 파괴하며 터져나가는 폭열현상을 예방하기 때문이다.

그림 4.3 미국 일리노이 주에 건축된 경량콘크리트를 활용한 빌딩

(2) 경량 콘크리트 블록을 활용한 사례

경량 콘크리트는 또한 조적구조를 위한 블록 제작에도 사용된다. 기존의 질량이 큰 일반 콘크리트 블록을 대신하여 구조용 혹은 미장용 콘크리트 블록의 제작에 있어서 인부가 직접 쌓아올려야 하는 조적구조의 특성상 블록의 중량 감소는 인력의 감소와 편의성에 큰 도움이 된다. 한 예로, 미국 앨라바마주 북동부에서는 석공들의 인력 소비 완화를 위해 경량 콘크리트 블록을 제작하였다. 일반 콘크리트 블록은 80 × 80 × 160 mm^{3}의 크기를 지닌 30 파운드(약 13 kg)의 질량을 지닌데 반해 경량 콘크리트 블록은 동일 크기에 약 28 파운드(12.7 kg)의 질량을 지니고 있다. 2파운드의 차이가 큰 차이라고 생각되지 않을 수 있으나 하루에 수백 파운드를 들어올려 시공에 임해야하는 인부들에게 몸의 부담감을 확연하게 덜어줄 수 있다고 한다.

구조용 경량 콘크리트는 대형 구조물에도 사용된다. 2000년 7월에 시공이 시작된 미국 텍사스의 NRG 스타디움은 미식축구경기 외에도 로데오나 콘서트 및 컨벤션 등 다양한 이벤트를 개최하는 다목적 시설이다. 이 경기장은 단 26개월 만에 경량콘크리트 블록을 사용하여 준공이 완료되었다. 경량 골재로 제작되는 경량 콘크리트 블록은 들어올리기 쉽고 설치하기 쉬운 이점으로 앞서 앨라바마의 경우와 동일하게 석공들의 적은 피로도로 꾸준한 작업을 가능하게 하였다.

이와 같은 석공의 작업능력 향상은 생산성을 높이고 건설 시간을 단축하는 장점을 지닌다. 물론 역시 더 가벼운 하중으로 인해 자중이 확연히 줄어들게 되며 하중을 지지하는 바닥판과 내력벽에 더 작은 보와 더 적은 양의 철근을 가능하게 하기도 한다. 이를 통하여 전반적인 건설비용을 절감할 수 있는 것은 물론이다.

또한 경량 콘크리트 블록의 사용은 보다 환경 친화적인 건설이 가능하게 한다. 경량 콘크리트 블록은 현장타설 형태가 아닌 프리캐스트 형태로 제작되어 운반되게 되는데 이때 일반 콘크리트 블록보다 낮은 중량을 지니고 있기에 동일한 트럭에 적재 시 더 많은 적재를 가능하게 하고 이는 작업현장으로 운송하는 데 필요한 트럭의 수를 절감할 수 있다. 부가적으로는 운송비용의 절감 외에도 도로 위의 트럭의 수가 적게 되면 대기오염이 더 적어지게 되며 큰 하중을 운반하는 트럭의 운용횟수가 적어지게 되어 운반 도로 포장의 손상도 방지할 수 있다. 도로 포장의 보수는 아스팔트 포장 콘크리트 및 포장용 콘크리트의 사용으로 환경오염을 야기하게 되어 도로포장의 적은 손상은 결론적으로 환경오염을 예방하는 효과를 준다. 또한 대형 차량인 트럭의 적은 운용으로 교통 혼잡도가 감소하게 되어 도로 위 배기가스의 발생량도 감소한다.

그림 4.4 앨라바마 복합 주거공간 제작용 T형 보

그림 4.5 Geogia Institute of Technology의 조경사업

4.3.2 천연골재를 활용한 경량 골재 콘크리트 제작 사례

다공질 경량 골재를 활용한 시공은 건물 상부 옥상정원에도 사용된다. 펜실베니아 주의 피츠버그에선 다공질의 경량 골재인 셰일을 활용하여 빗물정원 및 옥상정원을 제작하였다. 발포 셰일은 대표적인 다공성 세라믹으로 1917년 셰일을 가열 및 팽창시켜 경량 골재로 제조하였으며 1930년부터 미국 및 유럽 등지에서 사용되었다. 옥상정원에서 여과된 물은 지상의 빗물정원으로 흘러들어 용수로 사용된다. 이 흐름은 빗물

관개와 비침습적 토착식물을 통해 물과 에너지의 소모가 전혀 없는 시스템의 시설로 성공적인 정화 시스템으로 그 구조가 독특하고 지속 가능한 환경의 성공적인 설계 및 건설로 평가받을 뿐만 아니라 창의적인 시스템으로 우수처리 및 원예 응용 분야에서도 도전적인 시도로 평가받는다.

천연골재를 활용한 경량 골재 콘크리트는 종종 문화유산의 보수에도 사용된다. 오래되어 수공으로 조각된 석재들이 이룬 모서리와 다양한 깊이로 침식된 문화유산들은 동결과 융해를 반복하며 내구성능이 떨어지게 된다. 이에 콜로라도의 한 오래된 건축물은 천연골재를 활용한 경량 콘크리트로 제작한 외장재를 활용하여 보수를 시행하였다. 앞서 다룬 다공질 경량 골재인 팽창 셰일을 활용하여 시멘트 모르타르와의 혼합을 통해 외장재로 활용되었다. 또한 셰일 제작 과정에서 재생골재를 활용하여 제작을 시도하였으며 이로서 외장재 제작 시 추가되는 시멘트 모르타르를 제외한 80%의 재료를 순환자원으로 활용하였다는 측면에서 환경 친화적인 모습을 보이기도 하였다.

참고문헌

1) 국가건설기준센터 (2021). KCS 14 20 20 경량 골재 콘크리트, 국가건설기준센터, 고양, 한국
2) 김철구, 박홍근, 김영문, , (2020). 고온고압 증기양생 기포 콘크리트 블록의 역학적 특성, 한국콘크리트학회 논문집
3) 김현관 (2012). 다공성 세라믹의 발포에 관한 연구, 제주대학교 석사학위논문
4) 정창현 (2004). 경량 기포 콘크리트의 현황 및 전망, 한국 ALC 협회
5) 조형규, 석탄재 기반 경량 골재 현황 및 실증화 사례, 한국건설순환자원학회지 2020
6) 채영배 (1990). “경량 골재의 원료광물” J.Miner.Soc.Korea.,Vol.3,No.1, pp.24~30.
7) 한상목,신대용,강상규 (1998). “저급점토를 이용한 다공성 세라믹스 제조” J. Kor.Ceram. Soc.,Vol.35,No.6,pp.575∼582
8) Arcosa Lightweight, An Arcosa Specialty Materials Product, https://arcosalightweight.com/
9) Chandra, Satish, and Leif Berntsson. (2002). Lightweight aggregate concrete. Elsevier
10) Clarke, John L., ed (1993).. "Structural lightweight aggregate concrete."
11) Lo, T. Y., and H. Z. Cui. (2007). "Effect of porous lightweight aggregate on strength of concrete." Materials letters 58.6 :: 916-919.
12) Lo, Tommy Y., W. C. Tang, and H. Z. Cui. (2007). "The effects of aggregate properties on lightweight concrete." Building and Environment 42.8 : 3025-3029.
13) Michael Hein, (2015). “Innovative Applications of Pervious Concrete”, Auburn University, Alabama, United States of America
14) Mohammed, Jihad Hamad, and Ali Jihad Hamad. (2014). "Materials, properties and application review of Lightweight concrete." Technical Review of the Faculty of Engineering University of Zulia 37.2 : 10-15.
15) Nader Ghafoori and Shivaji Dutta (1995). “Development of No-Fines Concrete Pavement Applications”, Journal of Transportation Engineering, American Society of Civil Engineering
16) Newman, John, and Phil Owens (2003). "Properties of lightweight concrete." Advanced concrete technology 3 : 1-29.
17) Nuno Almeida,Fernando Branco,Jorge de Brito,Jose Roberto Santos(2007)."High-performance concrete with recycled stone slurry",Cementand ConcreteResearch37,pp.210∼220.
18) Pravin S Paril, IP Sonar and Sudhir Shinde. (2017). “No Fine Concrete” International Journal of Concrete Technology
19) Shideler, Joseph J. (1957). "Lightweight-aggregate concrete for structural use." Journal Proceedings.

Vol. 54. No. 10.

20) Topçu, İlker Bekir, and Tayfun Uygunoğlu (2007). "Properties of autoclaved lightweight aggregate concrete." Building and Environment 42.12 : 4108-4116.

21) Weigler, Helmut, and Sieghart Karl. (1980). "Structural lightweight aggregate concrete with reduced density—lightweight aggregate foamed concrete." International Journal of Cement Composites and Lightweight Concrete 2.2 : 101-104.

22) Weili, Sun, and Zheng Xiukang. (2001). "GREEN BUILDING MATERIALS——AUTOCLAVED LIGHTWEIGHT CONCRETE PANELS [J]." Industrial Construction 8

KCI-202 경량콘크리트위원회(2021~2022)

위원장	양근혁	경기대학교
간사	하정수	단국대학교
위원	권석민	한국토지주택공사
	김용혁	한국남동발전(주)
	김재홍	한국과학기술원
	김학영	단국대학교
	남정수	충남대학교
	문주혁	서울대학교
	박경택	(주)삼표산업
	박용규	아주산업(주)
	박조범	유진기업(주)
	박찬규	삼성물산(주)건설부문
	심재일	(주)한국방재안전기술
	양은익	강릉원주대학교
	유정훈	(주)성광이엔텍
	원윤성진	(주)대웅
	윤현섭	경기대학교
	이경호	세움건설(주)
	이동규	동남기업(주)
	이선규	(재)한국화학융합시험연구원
	이재삼	한국골재산업연구원
	최동욱	한경대학교
	최선미	공주대학교
	최성	성균관대학교
	최지선	현대건설(주) 책임연구원

콘크리트 실무매뉴얼

비구조용 경량콘크리트

2023년 7월 15일 1판 1쇄 인쇄
2023년 7월 20일 1판 1쇄 발행

관리주체 사단법인 한국콘크리트학회
서울특별시 강남구 테헤란로7길 22
한국과학기술회관 1관 1009호
TEL. 02)568-5984~7
FAX. 02)568-1918

출판보급처 기문당
서울시 성동구 무학봉28길 4-1
TEL. 02)2295-6171(代)~5
FAX. 02)6971-8188

출판등록 1976. 10. 7 (1-44)
홈페이지 http : // www.kimoondang.com
ISBN 978-89-6225-866-0 93530